商店叢書⑤

U0070329

店員工作規範（增訂二版）

張宏明　編著

憲業企管顧問有限公司　　發行

《店員工作規範》 增訂二版

序　言

　　零售業競爭越來越激烈，店員的作用越來越為商家所重視。俗話說：「開店要賺錢，關鍵看店員」，店員是商店終端競爭中重要的競爭力量，短兵相接中，誰的店員銷售能力強，服務水準高，誰就能在市場競爭中佔據主動地位。

　　只有一流的店員才能為顧客提供一流的專業服務，才能讓店鋪在激烈的競爭中脫穎而出。因此，企業都應該將培訓最專業素養的店員，當作企業核心任務來執行。

　　店員工作繁重且瑣碎，既要為顧客提供諮詢服務，達成銷售績效，又要照顧好自己的商品貨架，商品補貨，有的還要開票收款，因此店員要具備各種能力素質，才能在終端零售店競爭勝出，成為一名金牌店員。

　　店員應該更關注自己的職業形象，不僅是外在形象，還有職業素質。店員應該注意培養自己的溝通技巧，店員必須精于語言藝術，在接待顧客時迎客、介紹、答詢等行為，其實也是在展示他的專業知識、工作態度等。

　　店員的角色更應該是情報的提供者和銷售顧問。在銷售過程

中，店員應承擔招徠顧客、引導觀看、推薦說明、鼓勵成交、購買顧問等一系列工作，盡力將商品推銷給每一位顧客，同時以最優異的表現贏取「回頭客」。

作者多年來擔任憲業企管顧問公司販賣型商店的顧問師，本書原是企管公司店員培訓班上課教材，受訓企業反映不錯，憲業企管公司建議改為市售本圖書。2014 年推出增訂第二版，增加更多技巧與案例。

本書是專門針對店員培訓工作，提供了完善的培訓解決方案，力求為企業打造出具備最佳專業素養與工作技巧的店員團隊！

本書從店員應具備的禮儀知識、基本操作技能、口才技巧、 商品陳列、接近顧客、服務技巧、銷售商品、商品成交技能、促成再度銷售……等 16 個層面加以具體說明，並以店家實例輔助說明。

本書適合各大商場、商店、櫃檯、各行銷部門及其他服務行業作為教材。將書中介紹的各項技巧運用到實際工作中，定會使你的銷售業績飛躍！

衷心祝願每一位讀者都能伴隨著零售業快速成長，成為行業中的頂級店員。

2014.05

《店員工作規範》增訂二版

目　錄

第 1 章　店員必備的基本素養 / 10

　　店員需要直接面對顧客，店員的一言一行、一舉一動都反映著所在店鋪的形象，因此，要勝任店員工作，必須要具備一定的職業道德和服務意識、品格。店員應對每一個光顧的顧客都要給予充分的尊重和禮貌接待，將顧客至上的理念徹底貫穿於工作之中。

第 2 章　店員必備的衛生知識 / 34

　　店員有責任時刻保持著店面週邊及內部環境的清潔與衛生，本身也必須瞭解衛生的重要性與相關知識，並按照一定的標準規範來操作。

第 3 章 店員必備的行為禮儀 / 45

店員就是和顧客打交道，儀容、儀表、行為反映了內心的精神面貌和審美情趣，所以店員對自己的儀容、儀表、行為應該重視，如果不講究禮儀，那麼一定不會銷售成功。

第 4 章 店員必備的口才技巧 / 85

良好的語言表達能力和與顧客溝通的技巧，是店員必須學會的基礎功課，店員不僅要會說，更要會聽。掌握並熟練地運用傾聽技巧，在與顧客的溝通中，會取得事半功倍的效果。

第 5 章 店員必備的商品知識 / 111

店員對販售商品一知半解，會導致顧客不滿意。店員要學會提煉產品的獨特賣點，注意把握顧客的心理，揣摩顧客的喜好，針對其消費心理而進行銷售。

第 6 章　店員必備的交接班工作 / 123

專家認為「銷售的成功是 90%的準備加上 10%的推薦」，店員應該在正式開業之前，就將營業準備工作做好，而不是等顧客上門後再手忙腳亂。有好的開始也要有好的結束，營業的結束工作與，營業前的準備工作，都不可忽視。

第 7 章　店員必備的收銀知識 / 133

收銀工作是店鋪工作的重要環節，收銀作業的優劣會直接影響到店鋪的效益。收銀人員一定要詳細學習收銀工作流程，在實際工作中嚴格按流程辦事，體現出整個店鋪的服務水準。

第 8 章　店員必備的商品陳列 / 150

為達到促進銷售目的，設計並創造良好的購物環境是吸引顧客的基本要求。醒目明亮的店內設計能讓顧客眼睛一亮，簡潔清爽的店內設計能讓顧客感到溫馨的氣氛，合理有序的店內設計讓顧客感到內心的舒暢。

第 9 章　接近顧客的技能 / 162

店員接近顧客，是為顧客提供服務的第一步。但接近顧客的時機往往難以掌握。店員要學會分析與觀察不同類型的顧客，通過語言拉近與顧客的感情距離，增進人際感情，進而才能促成購買行為。

第 10 章　妥善地接待顧客 / 174

在店員與顧客建立關係之前，先需要接待顧客，令他覺得與你交易感到舒適。其次要向他提供合適的貨品，服務則會使購物成為客人的愉快經歷。

第 11 章　瞭解不同類型的顧客 / 190

店員要真正征服顧客，必須做到瞭解顧客的目的、把握顧客的性格、分清顧客的類型，投其所好。辨別不同類型的顧客對於店員來說是基本的技能。

第 12 章　要讓顧客喜歡商品 / 214

每樣產品皆有其獨特之處，和其他同類產品不同的地方，顧客總是會進行比較、權衡，直到對商品充分信賴後才會購買。

要向顧客說明產品的特性和好處，讓他們實際地看到那些賣點，喜歡商品。

第 13 章　店員必備的銷售商品技能 / 231

　　店員的重要工作就是將商品銷售出去，掌握商品銷售技能是不可少的，如何做好準備工作、巧妙地展示商品的性能、適時地推薦、明確商品的重點、促使顧客下定決心購買、妥善的收銀等，表現出店員服務水準，進而影響到顧客對店鋪的信任度。

第 14 章　店員必備的異議處理技能 / 264

　　面對顧客的異議，店員要弄清產生異議的具體原因，確定問題的性質，以誠懇、負責的態度表現出對顧客的理解，積極認真地找出盡可能多的解決途徑和方法，促成交易。

第 15 章　店員必備的商品成交技能 / 275

要促成顧客購買某種商品，首先要讓顧客瞭解這種商品。只有將商品的價格、品質、優點完全展示給顧客，把握好顧客的消費心理，適時捕捉到顧客釋放出來的成交信號，靈活運用成交方法，促成交易，並激發再度銷售。

第 16 章　店員必備的商品盤點知識 / 305

店員都要掌握盤點的知識，在平日作業流程上，必須做到傳票單據作業手續的正確性。商品的盤點工作是保證賬實相符的重要手段，正確反映商品銷售的真實動態，及時發現問題並分析處理商品損失、呆滯等問題的有效措施。

第 *1* 章

店員必備的基本素養

　　店員需要直接面對顧客，店員的一言一行、一舉一動都反映著所在店鋪的形象，因此，要勝任店員工作，必須要具備一定的職業道德和服務意識、品格。店員應對每一個光顧的顧客都要給予充分的尊重和禮貌接待，將顧客至上的理念徹底貫穿於工作之中。

第一節　店員的基本素質

　　店員是一個需要直接面對顧客的職業，每天都要接觸到形形色色的顧客。可以說，店員的一言一行、一舉一動都在反映著所在店鋪的形象，這是一項富於挑戰性的工作，要勝任這項工作，必須具備一定的個人素質。

一、店員必備的職業道德與素質

1. 店員的職業道德要求

職業道德，是指從事一定職業的人員在特定的工作環境中所應該遵循的行為規範，具備良好的職業道德與職業素養，是對每一個職場從業人員的最基本要求。店員的職業道德體現在以下幾個方面：

(1)對店鋪的認同感

店鋪可以說是店員實現自我的一個平台，因此對於這個特殊的平台，店員要保持自己的虔誠心與認同感，時刻注意維護店鋪的形象。

(2)積極的工作心態

認同自己的服務型職業性質，不要帶著不良情緒去工作，也要避免帶著情緒去工作，能夠用自己的專業知識去為顧客提供服務，並以此來體現自身價值，從中得到自我實現與滿足。

(3)專業的服務與態度

熱情招呼，微笑服務，禮貌告別。耐心、細緻、週到地為顧客進行答疑，設法讓顧客感到滿意。

(4)不欺瞞顧客

有些商家店鋪在利益的驅使下，往往不顧職業道德，向顧客推銷一些他們根本就不需要的產品與服務。有的甚至為顧客提供一些假冒商品和劣質服務，這都是嚴重違反職業道德的行為，同樣這也是不能維繫長久的經營活動，要想做成百年老店、長治久安，必須以誠待客。

2. 店員的職業素質要求

店員應具有強烈的市場意識，及時根據自己店鋪業務的不同，調整自己的服務。這需要具備良好的職業意識和敬業精神。一般來說，

職業意識和敬業精神的確立有兩個層面：從淺層次而言，僅把職業作為謀生手段，並以此釋放工作崗位熱情，它帶有一定的盲目性，也難以持久；深層次則是來源於對所從事工作崗位的重要性和意義的深層理解，從而煥發出無窮無盡的光和熱。店員必須從深層次把握職業意識和敬業精神，真正做到愛崗敬業，熱情服務，樂於奉獻。

店員的職業素質反映在以下幾個方面：

(1)強健的身體

俗話說：好的身體是革命的本錢。店員要身體健康強壯、精力充沛，這樣才能承受高負荷運轉及緊張的工作節奏所帶來的壓力。

(2)充足的幹勁

店員對工作要全身心地投入，要充分發揮個人工作積極性，並做到長期在日常工作中保持這種幹勁。

(3)對工作崗位充滿激情

只有對工作崗位充滿激情，才能帶來卓越的成效，才能更好地使人體驗到工作崗位的樂趣。

二、店員必備的品格

1. 親和力

所謂親和力，指的是人與人之間的信息溝通與情感交流的能力。現實生活中，當你與一個陌生人初次相見，就被他的親切而又風趣幽默的談吐所吸引，那麼這就是他的親和力在起作用。作為一名店員，在面對顧客時擁有這種親和力是至關重要的。因為沒有人願意和那些冷若冰霜，似乎要拒人於千里之外的人打交道。只有擁有了易於讓人接近的親和力。才能吸引顧客與你進行進一步的交流。

　　而且，擁有親和力也不僅僅是為了吸引顧客。它同時也能夠使你自身每天保持一種輕鬆、自信、樂觀和諧的平和心態，能夠在使自己心情愉悅的同時也能去吸引、感化他人，何樂而不為呢？

2. 交際能力

　　要做一個優秀的店員，應該具有廣泛的社交知識和靈活的處世態度。在接待顧客時，應保持熱情，不卑不亢。遇到顧客挑剔時，應該頭腦冷靜，不管在什麼情況下，都不能傷害顧客的自尊心。在顧客投訴或者在顧客發表意見時，應該用心聆聽，不要隨意打斷對方的傾訴，在明白了顧客的真實意圖後再進行靈活的處理。同時應該盡可能地誇讚顧客的優點，而且不論顧客的缺點如何明顯，都不能去橫加指責，甚至連一點暗示都不行。總之，尊重顧客是店員必備的品質之一。

3. 誠信

　　為了提高店鋪在顧客心目中的可信程度，店員應該將疏漏減至最低。一旦出差錯，就很可能會損害店鋪的信譽。如果顧客不相信你，對店鋪總是持懷疑態度，自然不會再次光顧。因此，平時在和顧客打交道時，一定要做到言行一致，說出的話一定要做到，不出爾反爾，這樣才能保證顧客接受店鋪商品或服務，從而產生信任。

4. 積極主動

　　即對任何事情都積極主動地去面對，無論何時都要去主動迎接挑戰，積極去解決所遇到的問題。

　　積極主動有時還反映在對顧客的言行進行恰當的回應上，例如，當顧客開玩笑、講笑話時，作為店員，若對此冷若冰霜，視而不見，這也會影響顧客的心情。顧客雖然不需要與店員分享快樂，但也絕不會希望店員破壞他的心情。所以店員一定要與顧客融合在一起，適時地笑，適時地發表看法。但是，切記其中絕不能含有恥笑的成分。

13

5.自信

店員要想具有充足的自信心,唯一的辦法就是熟悉業務。具備了相當的知識和經驗,才能使自己充滿信心。要培養信心,首先要詳盡瞭解店鋪的詳細情況,多向有經驗的同事學習,請教有關專業知識和業務知識,然後在顧客面前謙虛謹慎地發表個人看法。

6.責任心

一個沒有責任心的人是做不好任何事情的。能否自己管理自己並養成良好的工作習慣,這取決於個人的責任心。在工作中遇到的所有問題,不管是好事還是壞事,都應具備敢於承擔責任的擔當。事實上,對店鋪,對顧客負責任,也是對自己負責任。

7.足夠的忍耐力

店員面對的是一項相當辛苦而枯燥的工作,而且在營業過程中經常會面對一些難以預料的突發情況與難題,尤其是來自顧客方面的問題,就更需要店員去耐心處理與對待。

8.開朗樂觀

在生活中我們不難發現,那些開朗樂觀的人總是充滿笑容,笑對外面的世界。店員良好的情緒能夠起到很好的感化作用,能夠使整個店鋪的氣氛煥然一新,這對於直接接觸顧客的店鋪式經營是非常重要的,因為所有的顧客都會願意與那些看起來更友善的人打交道、做交易。

三、不要把自己僅僅當成「打工仔」

一位顧客來到專賣店裏,打算買一個新款遊戲機。但是在看過標價後,卻覺得很詫異:專賣店裏這款遊戲機的價格跟他在官

方網站上看到的相差 190 元。

　　顧客向店裏的售貨員詢問，能否便宜一點，結果店員頭也不抬：「不能。」

　　顧客就有點激動：「那你們的真實售價怎麼能高過網站上公佈的價格呢，這不是欺詐嗎？」

　　售貨員抬頭冷笑了一聲：「這跟我沒關係，請你對我說話小點聲。」

　　這一下顧客更加惱火了：「我要去網上討論你們這種詐欺的行為。」

　　店員回答：「隨便啊。反正這家店也不是我的，我只是一個打工仔。」

　　本來只是一件小事，如果店員能夠更負責一點耐心解釋，或向店長經理反映一下，問題也許就解決了。但是店員卻認為自己不過是個「打工仔」，門店怎樣與我無關，這種消極的態度不僅將一件小事變得不可收拾，流失了準顧客，還使一個品牌形象遭到了很多顧客和潛在顧客的質疑。我們可以想像，這位店員如果持續保持這樣的工作態度，每一個老闆都不敢繼續僱傭他，他的職業生涯將受到很大的損害，更重要的是，如果這樣的想法一直持續下去，即使他改換到別的行業，或者是他在某一個行業內做多久都不可能取得成功。

　　像老闆一樣思考，像老闆一樣行動。你具備了老闆的心態，你就會去考慮門店的成長，考慮門店的費用，你會感覺到門店的事情就是自己的事情。你知道什麼是自己應該去做的，什麼是自己不應該做的；反之，你就會得過且過，不付責任，認為自己永遠是打工者，門店和品牌的命運與自己無關。你不會得到店長以及主管的認同，不會得到重用，低級打工仔將是你永遠的宿命。有這樣一個小故事：

　　一位老木匠就要退休了，他告訴他的僱主。他年紀太大了，也辛苦了太多年，現在應該跟妻子及家人享受一下輕鬆自在的生活。這位老木匠的手藝十分高超，僱主實在有點捨不得這樣好的木匠離去。所以希望他能在離開前，再蓋一棟具有個人風格的房子來。木匠答應了，但是他卻沒有像以往一樣用心地蓋房子。他草草地用了劣質的材料，就把這間屋子蓋好了。其實，用這種方式來結束他的職業生涯，實在有點不妥！房子落成時，僱主來了，順便也檢查了一下房子。然後把大門的鑰匙交給這個木匠說：「這間就是你的房子了，這是我送給你的一個禮物！」木匠實在是太驚訝了，他懊喪萬分。因為如果他知道這間房子是他自己的，他一定會用最好的建材，用最精緻的技術來把它蓋好，然而，現在他卻因為自己的私心與懶散，造成了一個無法彌補的遺憾。如果這位老木匠，能把蓋這所房子當成自己的事情去做，而不是敷衍僱主，那麼這將是一個多麼溫馨的故事！

　　很多店員認為自己做事都是為老闆、為公司、為店家掙錢，這樣想也無可厚非，你出錢我出力，情理之中的事。再說，要是老闆不賺錢，你怎麼可能在這個公司好好待下去呢？但這些人會進一步認為，反正為人家幹活，能混就混，公司虧了也不用我去賠錢；再說，公司給我的待遇太低了，薪水這麼一點點，我才不會好好幹呢；也有人會覺得老闆不重視我，不欣賞我，因此沒心情給他幹……

　　但他們卻不知道，自己這樣想、這樣做，已經陷入了一個很大的偏失。其實稍加思考就可以明白，你這樣做對自己又有什麼好處呢？抱有這種想法的人，根本就沒弄明白，自己工作根本就不是為了老闆，至少，不僅僅是為了老闆。

　　無論如何，你不能否認人生離不開工作。我們每天工作，不僅能

賺到養家糊口的薪水，還得到了鍛鍊和學習的機會。透過完成業績，我們拓展了自己的才能；透過與同事的合作，我們培養了自己的人格；透過與顧客的交流，訓練了我們的品行；反之，如果沒有工作，我們將遊離於社會之外，事業、前途也將無從談起。

另一些店員這樣去做了，然後又不斷提升自己，而另一部份人不過聳聳肩自嘲一句：這又不是我開的店，我只是在這裏拿薪資學東西，犯不著較勁兒。

究竟是工作不順利造就了這樣一種心態，還是這樣一種心態造就了工作不順利的事實？這就像「蛋孵雞」還是「雞生蛋」一般說不清了。可是有一點是可以肯定的，即抱著「這是我的公司，我是公司的一份子」的店員，「工作不順利」的概率勢必低得多。

因此，聰明的店員任何時候都會把他所服務的商店當作自己的商店一般。這當然不是自欺欺人，而是聰明人知道，只有具備這樣種精神，他才能夠最大限度地從工作中學到關鍵內容，才能夠最大限度地從商店的發展中獲得利益與報酬。

不能做好本職工作的人會錯過許多機會。無論你所從事的是什麼職業，也無論你現在身在何處，都不要以為自己僅僅是在為老闆工作，如果你認為自己努力的最終受益者是老闆，那你就犯了一個巨大的錯誤。不論你現在的薪水是多少。也不論你是否得到老闆的器重，這些都不重要。只要你能夠盡職盡責，全心全意地做好本職工作。毫不吝惜地將自己的精力與熱忱融人到工作中，你就會發現工作是人的使命所在，並能在全身心地投人工作的過程中，享受到工作給你帶來的人生樂趣，同時你也會因自己的工作而贏得他人的尊重，進而產生一種自豪感。

沒有老闆會不喜歡認真敬業、真正用心做事的員工。如果你還沒

有從」打工仔」的想法中跳出，那麼請記住：

　　無論從事什麼行業，只要盡心盡力去工作，最終會讓你出類拔萃。只有培養精神，才能在工作中獲得更大的報酬與更大的利益。

第二節　店員的服務意識

　　服務幾乎是店鋪經營的全部內容。很難想像一家不能夠為顧客提供服務的店鋪，能夠維持多久？在當今服務越來越重要的時代，能否為顧客提供週到、細緻、滿意的服務，可以說決定了一個店鋪的今天和未來。

　　店員的角色之一可以說就是店鋪的「服務大使」，為顧客提供滿意的服務是店員的核心職責所在。

一、店員的服務意識

　　為何要為顧客提供服務？道理其實很簡單，因為沒有顧客就沒有生意；沒有生意，店鋪就沒有收入與利潤，從而也就沒有能力為店員發薪水，因此，從這一意義上講，顧客可以說是店員的衣食父母。

1. 服務是店鋪的靈魂

　　之所以稱服務為「靈魂」，是因為它總是在無形之中決定著店鋪經營的成敗。而服務產業又是社會經濟不斷發展的產物，所以它的品質，完全可以體現出一個企業的發展程度。

　　一個卓越的店鋪，一定是時時處處都在為顧客著想。因為所有人都知道顧客的要求就是店鋪的賣點與競爭力所在，只有先滿足顧客的

需求，才有成交的可能，才能有收入，才有繼續發展的可能。而現在，顧客的需求已經不僅僅局限於店鋪的產品本身。除了具體的產品外，還要附加上使他們身心愉悅的一種溝通方式——真誠的服務。對於那些直接提供無形服務的店鋪，服務的重要性更是不言而喻了。

2. 服務是影響店鋪未來發展的關鍵力量

一個人要獲得成功與幸福，不能缺少服務精神；一個店鋪要想成功，不能缺少擁有服務精神的好店員。因此，無論我們從事什麼工作，都不能缺少服務精神。再平凡的崗位都可以做出不平凡的貢獻，只要你的人生觀是正確的，你的工作崗位就會有不盡的原動力。對於店員來說取得成功最重要的不是人的能力大小，而是一個人的道德品質和服務精神。

服務決定了店鋪的生存和發展。如果一個店鋪缺乏服務精神，那麼它一定會失去競爭力。店鋪必須不斷地提升自己的服務力。因為，店鋪的競爭力最終是要通過每一個店員的服務來體現的，如果每個店員都能提供最優質的服務，那麼這個店鋪肯定能夠戰勝競爭對手，擁有越來越多的顧客，最終能夠成為百年老店！

3. 服務能夠創造價值

服務是有價值的，它不僅僅能為顧客創造價值，同樣也能為店鋪、為店員創造價值。

①對顧客而言，服務的價值在於能獲得安全感、信任感

店員的微笑和體貼服務，不僅能使顧客便捷地找到自己滿意的產品，並且讓顧客心情舒暢，感覺到被尊重，從而讓顧客對店鋪產生安全感和信任感。而且顧客在消費的時候，往往會感覺面對的選擇很多，無所適從。店員的優質服務可以幫助顧客節約時間，讓顧客獲得方便。如果店員能為顧客提供更為細緻、週到的個性化服務，會讓顧

19

客產生無比的親近感和認同感。

②對店鋪而言，優良的服務是利潤的源泉

過去，很多人認為，利潤是由市場的佔有率決定的。然而事實並非如此，行銷專家們研究發現市場佔有率與盈利性並無直接的關係，而顧客忠誠度卻與利潤密切相關。行銷專家們還發現：如果人們能使5%的顧客成為店鋪的回頭客，那麼店鋪的收入就會增加一倍。優質的服務能帶來重覆購買。

4.服務與報酬永遠是正比

對於店員，從一定程度上講，服務的品質將會決定生活的品質。無論薪水高低，工作崗位中盡心盡力、積極服務，能使自己得到內心的平安，這往往是事業成功者與失敗者之間的不同之處。

所以對於店員來說，一定要放棄「做一天和尚撞一天鐘」、「拿多少錢做多少事」的想法。對於薪水，不能只是簡單地理解為「我拿20000元的錢，就應該做 20000 元的事」。如果反過來思考一下，我做了 20000 元的事，是不是就只能拿 20000 元的錢呢？因為，主管找不到給我們加薪的理由。若拿 20000 元的錢，做了 50000 元的事，那麼主管為你加薪就是自然的事。小付出，小回報；大付出，大回報，這是永恆不變的真理。

但人們往往存在著這樣一個弱點，總是在見到具體的回報後才願意付出。如果一個人總習慣這麼想，可以說，他得到的會很少，甚至，什麼也得不到。只有明白了「先付出，才會有回報」的道理，勇於付出，樂於付出，先提供良好服務，再期待相應的報酬，才能如願以償。

缺乏服務意識的人，無論從事什麼領域的工作都不可能獲得真正的成功。將工作崗位僅僅當作賺錢謀生的工具，這種想法的出發點是不對的。

二、店員必備的服務意識

1.服務滿意

服務滿意，就是要滿足顧客對服務最基本的要求。主要包括以下要素：

- ・可靠性——正確無誤，交貨準時。
- ・應對迅速——立即反應，正確、及時處理。
- ・適合性——充分提供服務所需的知識和技能。
- ・接觸——熱心接受委託，隨時可取得聯絡，隨傳隨到。
- ・態度——有禮貌，謙虛，容易讓人產生好感，衣著得體。
- ・溝通——傾聽顧客意見，對產品的說明詳細易懂。
- ・信用度——負責為顧客提供服務的店員均可信賴。
- ・安全性——身體的安全，財產的安全，尊重顧客的隱私。
- ・顧客理解度——掌握顧客真正的需求，理解顧客處境。
- ・有形性——舒適的環境、設施、工具、消耗品、價格表等。

店員做好以上這些工作崗位，就能達到讓顧客滿意的基本標準。但要做到讓顧客特別滿意，這還是不夠的。因此，還需要提升服務的品質，做好理念滿意——這是追求卓越服務的關鍵。

2.理念滿意

作為店員，應該發自內心地認同店鋪的價值觀理想、目標和信念。這是激發人們創造卓越服務的動力。卓越的店員總能很好地回答以下的問題：

⑴我們是怎樣的店鋪？

⑵店鋪最基本的價值觀是什麼？

21

⑶店鋪要在顧客心目中建立一個什麼樣的形象？

⑷我該怎樣去做才能夠幫助店鋪達到目標？

這些問題看起來十分簡單，但並不是每一個店員都能回答得很清楚。因此，在現實中，我們較難看到讓顧客特別滿意的服務。究其原因就在於，沒有對服務進行深刻的理解，沒有將自身的發展和店鋪的發展結合起來，因此失去了追求卓越服務的動力。

顧客滿意是個永恆的話題。在這個競爭幾近白熱化的年代，永遠也不要說「我們的服務已經夠好了」這句話。否則，服務就會停滯不前，無法獲得顧客的滿意。顧客的需求會隨著時代的發展不斷改變，不斷提高，滿足顧客的不同需求正是我們不斷前進的動力。

三、服務顧客的原則

只有滿足了顧客的需要，他們才能真正體會到你的優質服務，進而你的服務才有機會得到回報。因此，店員在為顧客提供服務時，務必牢記以下幾項原則：

⑴顧客永遠是對的，因為只有他們才明白自己是否已經完全滿意，是否得到了與他們所付出的金錢相稱的回報。

⑵為顧客提供服務，首先要學會幫助顧客。

⑶店員的所有工作項目都是為了滿足顧客的需要，其他一切都是次要的。

⑷顧客的抱怨，對於店員而言並不是麻煩，關鍵是以怎樣的心態去處理，他們的抱怨正是給了店員一個改正提升的機會。

⑸請站在不滿意顧客的立場上去看待問題，試想一下如果店員處於顧客的位置，會要求對方怎麼做。只有這樣，店員才能更好地瞭解

顧客的心理，並適時改變自己的服務。

⑹當接待心有抱怨的顧客時，店員應該明白自己是在挽留一名即將離去的顧客，而不是在挽救一筆即將失去的生意。

⑺請將每一位都當作長期顧客來進行耐心熱情的接待，一視同仁，避免出現草率、輕視的態度。

四、店員要改善服務水準

如今的顧客更注意自己所得到的服務了，他們對服務有了更多的要求，服務稍有不週就容易將他們激怒。而且他們認為服務品質並沒有改善，許多店員並不在乎是否提供優質服務。

隨著生活水準的提高，顧客對服務的要求也越來越高，曾經讓顧客滿意的服務也許再過一年就會變成導致顧客不滿意的因素。殘酷的現實是：如果服務提高的速度慢過顧客日益增長的服務需求，其結果只有一個——失去顧客。

那麼，我們離顧客的標準還差多遠？我們需要如何改善？作為店員，必須時刻具備這種服務與不斷改進服務的意識。

1. 我們離顧客的標準還差多遠

也許在你看來已經做得夠好了，但顧客依然會覺得不滿意。這個差距在那裏？

①不同的人對服務有不同的要求

面對同樣的服務，不同的顧客有不同的要求。如何兼顧到每個顧客的要求，並為他們提供滿意的服務，這是我們需要認真思考的問題。

②店員提供的服務離顧客的要求還有差距

我們認為提供了能讓顧客滿意的服務並不代表顧客就會認同我

們所提供的服務。因此，我們需要經常檢查，看我們提供的服務與顧客的要求還差多遠。

2.我們需要如何改善

卓越服務的首要條件是令顧客滿意。什麼是顧客滿意呢？這就需要先清楚地瞭解顧客期望值與顧客滿意程度的關係。

顧客對服務的價值有自己的期望，如果我們提供的服務低於顧客期望的服務，他們就會感到不滿意；當我們提供的服務剛好與顧客期望的服務相吻合，他們就會感到滿意。但是，對店員而言，這並不是最好的狀態。要想讓顧客特別滿意，我們不但要提供顧客期望的東西，還要提供一些額外的、超出對方期望的東西，即為顧客提供卓越的服務。

在現實中，我們會發現，不同的顧客期望值不同。要令顧客滿意，就必須儘量滿足不同顧客的需要。研究表明，有 20 多個因素是決定顧客是否滿意的關鍵因素，但實質上這 20 多個因素都是圍繞服務而展開的。你要做到顧客滿意，就必須做到這兩個層面上的滿意。

第三節　顧客至上的理念

顧客是店鋪的生存之本，是店鋪繁榮和發展的根基，因此，店員應對每一個光顧的顧客都要給予充分的尊重和禮貌的接待，並根據顧客的不同特點和個人具體情況向他們提供個性化的優質服務，將顧客至上的理念徹底貫穿於日常工作之中。

我們都知道麥當勞非常成功，但麥當勞為何會成功？麥當勞為何能在競爭激烈的速食業中擁有一片天地？可以說，這在很大程度上是

源於麥當勞「顧客至上」的服務精神。

以全球著名連鎖速食店「麥當勞」為例，對「顧客至上的理念」
加以闡述。

一、服務顧客的經營理念——Q、S、C、V

這四個字母是麥當勞公司的最高經營理念，同時也是企業內部形
象的標誌：

1. Q：也就是品質，quality

麥當勞要求員工無論在何時、何地，對任何人都要提供不打折扣
的高品質產品。

例如：麥當勞店的食品原料絕大部份（高達 95%）在當地本土採
購，但這是在經過多年（長達 4～5 年）的篩選基礎上才達到的。1984
年麥當勞公司的馬鈴薯供應商為了找到優質合格的馬鈴薯，先後從美
國本土派出若干名馬鈴薯專家，前往各地進行實地考察、試驗，最後
終於確定了麥當勞公司的馬鈴薯供應基地，培育出了符合麥當勞標準
的馬鈴薯。

麥當勞為了嚴抓品質，有些規定甚至達到苛刻的程度，例如：

⑴奶漿供應商提供的奶漿在送貨時，溫度如果超過 4℃ 必須退
貨。

⑵麵包不圓，切口不平不能要。

⑶每塊牛肉餅從加工一開始就要經過 40 多道品質檢查關，只要
有一項不符合規定標準，就不能出售給顧客。

⑷凡是餐廳的一切原材料，都有嚴格的保質期和保存期，如生菜
從冷藏庫送到配料台，只有兩個小時保鮮期限，超過這個時間就必須

處理掉。

　⑸為了方便管理，所有的原材料，配料都按照生產日期和保質日期，先後擺放使用。

2. S：即服務，service

麥當勞要求員工為顧客提供迅速、正確的服務，並且笑臉相迎。

麥當勞公司作為餐飲零售服務業的國際大企業，對服務視如性命般重要。每個員工進入麥當勞公司之後，第一件事就是接受培訓，學習如何更好地為顧客服務，使顧客達到百分之百滿意。為此，麥當勞公司要求員工在崗位時，應做好以下幾條：

　⑴店員必須始終保持微笑，並且按櫃檯服務「六步曲」為顧客服務，當顧客點完所需要的食品後，店員必須在 1 分鐘以內將食品送到顧客手中。

　⑵顧客排隊購買食品時，等待時間不超過 2 分鐘，要求員工必須快捷準確地工作。

　⑶顧客用餐時不得受到干擾，即使吃完以後也不能「趕走」顧客。

　⑷為幼小顧客專門準備了漂亮的高腳椅，精美的小禮物，免費贈送。

3. C：即清潔，衛生，cleanliness

麥當勞公司對速食店內部的清潔衛生有嚴格的規定，包括以下幾個方面：

　⑴店員工作時，必須嚴格清洗消毒，先用洗手槽中的溫水將手淋濕，然後使用專門的麥當勞殺菌洗手液洗雙手，尤其注意清洗手指縫和指甲縫。

　⑵兩手必須至少一起揉擦 20 秒鐘，徹底清洗後，再用烘乾機烘乾雙手，不能用毛巾擦乾。

⑶手接觸頭髮，制服等東西後，必須重新洗手消毒。

⑷餐廳內外必須乾淨整齊，桌椅、櫥窗和設備做到一塵不染。

⑸所有餐具、機器在每天下班後必須徹底拆開清洗，消毒。

4. V：即價值，value

麥當勞要求為顧客提供服務的員工盡可能使每一位顧客都感受到重視，達到最高滿意度，認為來麥當勞消費是值得的。

麥當勞公司的食品不僅品質優越，而且所有的食品所包含的營養成份也是在經過嚴格的科學計算之後，根據一定的比例配製的。由於這些食品不僅營養均衡豐富，而且價格公道合理，因此顧客可以在明亮的餐廳環境中，心情愉快地享用快捷而營養豐富的精美食品。

二、服務顧客的基本標準——T、L、C

這是麥當勞公司對所有員工的要求。

1. T：即細心，仔細，tender

麥當勞公司要求員工在服務時，必須全身心投入，細心地為每一個顧客服務，不忽視任何一個細微環節。

2. L：即愛心，loving

麥當勞公司不僅注重賺取利潤，同時還關注社會公益事業，為此經常出資贊助社會慈善事業。以此來盡一份自己的社會責任。

3. C：即關心，關懷，care

對待特殊顧客，如對待殘疾顧客，更要週到服務，使他們像正常人那樣可以愉快地享受到在麥當勞用餐的樂趣。

三、服務顧客的三大訴求——F、A、F

1. F：即快速，fast

指服務顧客必須在最短的時間內完成，因為寶貴的時間稍縱即逝。因此，對講究時間管理的現代人而言，能否在最短的時間內享用到美食，是他們決定踏入店內與否的關鍵之一，因此麥當勞十分重視時間的掌握。

由於時代的發展，汽車與人類的生活緊密結合，加上現代人生活日趨忙碌。如何更有效率、更簡單地解決「吃」的問題愈來愈被重視，於是能夠提供最迅速、衛生的麥當勞「得來速」服務也因此蓬勃發展起來。「得來速」起初是一個視窗，同時提供點餐供餐之用，但經過改良後，已增加至兩個視窗。入口點餐、出口供餐，這樣一來，不僅在短時間內效率提升更高，速度也越來越快，「得來速」這個如此便捷的購餐系統，也深受消費者的喜愛，這也是為何「得來速」所帶來的利潤能夠高達麥當勞營收總收入 50%的主要因素。

2. A：即正確、精確，accurate

不管麥當勞的食物多麼的可口，倘若不能把顧客所點的食物正確無誤地送到顧客手中，必定給顧客一種「麥當勞服務的態度十分草率，沒有條理」的壞印象。所以麥當勞堅持在尖峰時段，也要不慌不忙且正確地提供顧客所選擇的餐點。這是麥當勞對員工最基本的要求。

3. F：即友善，friendly

是指友善與親切的待客之道。不但要隨時保持善意的微笑，而且要能夠主動探索顧客的需求。如果顧客選擇的食物中沒有甜點或飲料

時，麥當勞的店員便會微笑地對你說：「要不要參考我們的新產品或是點杯飲料呢？」這麼做，不但能向顧客介紹新的產品也同時增加了營業額。

　　麥當勞最令人津津樂道的「註冊商標」就是親切的微笑。當我們走進麥當勞時會看到櫃檯的售價指示板最下方有一欄寫著「微笑免費」。顧客來店用餐，不僅重視食物的口感。更注重在店裏的氣氛。麥當勞員工的親切微笑為顧客營造了一個充滿了微笑的溫暖空間，這也是在其他速食店所看不到的。在麥當勞用餐，特別能感到溫馨的氣息，因為每一位員工是如此的有親和力。這讓顧客深覺麥當勞不僅只是一家速食店，更是一個散播歡樂和愛的地方。

第四節　店員的微笑作用

　　微笑是一種風度，店員要經常保持笑容，要微笑服務。沒有微笑的服務，給人的印象是沒有教育、沒有文化、沒有禮貌，足以使賓至如歸變成一句空話，實際上醜化了店鋪的形象。

一、微笑的內涵

　　店員是永遠的微笑者，這句話恰恰表現了熟練的店員在應對顧客時那種輕鬆自如的愉快心態。我們知道，店鋪經營是以顧客為中心，以滿足顧客的需求為首要任務的。作為店員必須深入到顧客的內心，用他的眼睛來看你自己，即當你作為一名顧客時的看法、視點。真正掌握顧客的心理是知悉應付客人的基本功。

1.微笑是自信的象徵

有些人有自卑心理，認為服務工作崗位是伺候人，低人一等，別人坐著你站著，別人吃著你看著，別人玩著你幹著。社會上也存在著一些偏見，於是有些店員不喜歡自己的工作，他們在工作崗位中的反映是努力做到不伺候人，對客人「鐵面郎君」，用簡單生硬的語言接待客人。其實這是對自己在社會上所扮演的角色沒有正確的認識。一個人只有充分尊重自己、重視自己、有理想、有抱負，充分看到自身存在的價值，必然重視強化自我形象，青春常駐，笑臉常開。

2.微笑是禮儀修養的充分展現

一個有知識、重禮儀、懂禮貌的人必然十分尊重別人，即使是陌路相逢，也不吝嗇把微笑當作禮物，慷慨地奉獻給別人。

3.微笑是和睦相處的反映

現實生活豐富多彩，既有風和日麗，鮮花盛開的暖春，也有風雪交加，百花凋謝的寒冬，人生旅途，既有坦道，也有坎坷。但是，只要我們臉上充滿微笑，樂以忘憂，就會使身處人生這個大舞台的人們都感到愉快、安詳、融洽、平和。

4.微笑是心理健康的標誌

一個心理健康的人，定能將美好的情緒、愉快的心境、溫暖和盛意、善良的心地，水乳交融，交成微笑。

5.微笑尺度要適宜

微笑服務要強調一個「微」字，大笑或狂笑顯露出無涵養。另外，切莫訕笑顧客的生理缺陷或行為失檢。不要譏笑顧客的奇裝異服和怪誕打扮。嚴禁紮堆聊天對顧客指指點點，以免引起顧客的誤會。對顧客的痛苦和不幸，要有真誠的同情心，微笑地相助和服務。對老幼傷殘病弱的顧客，要有體貼入微的微笑服務。同時，笑也要掌握分寸，

如果在不該笑的時候發笑，或者在只應微笑時大笑，會使對方感到疑慮，甚至以為你是在取笑他。這顯然也是失禮的，所以不可不慎。微笑一定要適宜，而且要是發自內心的，這樣顧客才會感受到你的真誠，並被打動，問題才能得到順利解決。

店員必須要學會控制自己的情緒，就算心情不愉快，也不能滿臉憂愁地對著顧客，不能把自己的煩惱情緒傳給顧客。要學會分解煩惱，時時刻刻保持著輕鬆的心情，把歡樂帶給顧客。

6.店員要拋棄個人的情緒反應

如果店員儀表不整、舉止不當，無論多燦爛的微笑，也不會使顧客產生好感。因此，微笑一定要與儀表和舉止相結合。

店員應雙腳併攏，男性店員雙手自然下垂，女性店員可把右手放在左手上，面帶微笑，親切、自然、神氣。要時時保持健康愉悅的心緒，遇有煩惱毋發愁，以樂觀的態度正確對待，這樣才會笑得甜美，笑得真誠。同時，把自己比作一名出色的演員，當你穿上制服走上工作崗位時，要清醒地意識到自己已進入角色，進入工作崗位狀態，生活中的一切喜怒哀樂全應拋開了。

總之，微笑服務是對由語言、動作、姿態、體態等方面構成的服務態度的更高要求，它既是對顧客的尊重，也是對自身價值的肯定；它並不是一種形式，而是要建立起店員與顧客之間的情感聯繫。體現出賓至如歸、溫暖如春，從而讓顧客開心，讓顧客再來消費。

二、微笑的訓練

美國沃爾瑪零售公司是世界 500 強企業，它的微笑服務享譽全球。在微笑服務上，他們有一個「統一規格」——店員對顧客微笑時

必須露出 8 顆牙齒。如果你覺得自己表情僵硬，無法做到這一點，那麼不妨對著鏡子練習一下。每天早晨上班前。那怕只有 30 秒鐘也行，站在鏡子前面照一照自己的笑容。第一步，對鏡子擺好姿勢，像嬰兒咿呀學語時那樣，說「E⋯⋯」，讓嘴的兩端朝後縮，微張雙唇：第二步，輕輕淺笑，減弱「E⋯⋯」的程度，這時可感覺到顴骨被拉向斜後上方：第三步，相同的動作反覆幾次，直到感覺自然為止；第四步，無論自己坐車、走路、說話、工作都隨時練習。堅持做好以上幾步，那麼你的微笑就會親切美麗了。

此外，還要讓微笑進入眼中。當你在微笑的時候，你的眼睛也要「微笑」，否則，微笑就變成了假笑。眼睛會說話，也會笑。如果內心充滿溫和、善良和厚愛時，那眼睛的笑容一定非常感人。你可以取一張厚紙遮住眼睛下邊部位，對著鏡子，心裏想著最使你高興的情景。這樣，你的整個面部就會露出自然的微笑，這時，你的眼睛週圍的肌肉也在微笑的狀態，這是「眼形笑」。然後，放鬆面部肌肉，嘴唇也恢復原樣，可目光中仍然含笑脈脈，這就是「眼神笑」的境界。學會用眼神與顧客交流，這樣你的微笑才會更傳神、更親切。

1. 微笑的禁忌

在為顧客服務及幫助他們解決疑難問題時，微笑能夠起到非常好的作用，能夠很好的拉近顧客與店鋪的關係。

2. 微笑的訓練方法

進行微笑訓練前，可通過放背景音樂等方法調整好心態，並處在一個乾淨整潔的環境裏。訓練時要專注欣賞自己的微笑表情，並記錄下來。常用的微笑訓練方法有以下幾種：

(1)對鏡微笑訓練法

端坐鏡前，衣裝整潔，以輕鬆愉快的心情，調整呼吸自然順暢；

靜心 3 秒鐘，開始微笑；雙唇輕閉，使嘴角微微翹起，面部肌肉舒展開來；同時注意眼神的配合，做到眉目舒展。如此反覆練習。

自我對鏡微笑訓練時間長度可自由把握。為了使效果明顯，可放一些舒緩的背景音樂。

(2)情緒誘導法

情緒誘導就是設法尋求外界物的誘導、刺激，以求引起情緒的愉悅和興奮，從而喚起微笑的方法。如有條件，最好用攝像機錄下來。

(3)記憶提取法

就是將自己過去那些最愉快、最令人喜悅的情景從記憶中喚醒，使這種情緒重新襲上心頭，重現那愜意的微笑。

(4)含筷法

選用一根潔淨、光滑的圓柱形筷子(不宜用一次性的簡易木筷，以防不慎拉破嘴唇)，橫放在嘴中，用牙輕輕咬住(銜住)，以觀察微笑狀態。

心得欄 _____

_____

_____

_____

_____

_____

第 2 章

店員必備的衛生知識

店員有責任時刻保持著店面週邊及內部環境的清潔與衛生，本身也必須瞭解衛生的重要性與相關知識，並按照一定的標準規範來操作。

第一節　要養成良好的衛生習慣

店員擁有良好的衛生習慣，不但可以維護個人的身體健康，還可杜絕許多污染源。從業人員出場處理事物或上洗手間，再進場時，一律要經過再消毒手續。不得隨地吐痰，因痰或口水中含有許多細菌及病毒，可借痰或唾液傳播至生鮮食品，故應禁止作業場內隨地吐痰及咀嚼零食、飲食食物。為防止煙灰掉落於生鮮食品上，也須禁止從業人員在作業場內吸煙。

手是人體主要操作的器官，也是人體與外界接觸最多的部位，手部除指甲易藏垢外，其外層皺折的皮膚也很容易納垢、藏菌。所以在工作時手部的污染源或污垢，很容易污染所接觸的生鮮食品。而生鮮食品，直接關係到人的身體健康，絕對不容許被病源或異物污染，因

此生鮮食品的作業人員，要特別注意手部的衛生。手部的細菌有兩種，一種是附著於皮膚表面，稱為暫時性細菌，可以用清潔劑洗去。而另一種是永久性細菌，須戴手套方能阻止其污染。

手部清潔方法如下：

(1)以水潤濕手部。

(2)擦上肥皂或滴清潔劑。

(3)兩手相互摩擦。

(4)兩手背到手指互相摩擦。

(5)用力搓兩手的全部，包括手掌及手背。

(6)做拉手的姿勢以擦洗指尖。

(7)用刷子洗手更能除去指甲內的污垢及細菌。

(8)以手肘打開水龍頭用水沖洗乾淨。

(9)以紙巾或已消毒的毛巾擦乾或以熱風吹乾。

(10)以手指消毒器消毒手部殘留細菌。

患有皮膚病及手部有創傷、膿腫的病患者，其身上或手部的病菌容易污染經處理、包裝的生鮮食品，影響其衛生安全。故須特別注意從業人員的身體健康狀況。並定期做健康檢查，檢查項目包括皮膚病、傳染病、X光透視、乙型肝炎。而創傷、膿腫的部份會產生葡萄球菌，生鮮食品受污染後會產生耐熱性的腸內素。容易導致食物中毒，應防止其進場作業，或戴手套作業。而手套應選擇不透氣易清洗的質料，並經常檢查手套是否有破損且要時常刷洗清潔及消毒。此外，宜設置手套架，放置手套，保持通風易乾。

第二節　店鋪的衛生執行標準

　　不論是從重視顧客的感受上說，還是從關心店員的健康上來講，店長都有責任時刻保持著店面週邊及內部環境的清潔與衛生，並制定相應的環境衛生與個人衛生管理制度與執行標準。

一、店鋪內環境衛生的執行標準

1.店員更衣室的設置

　　店員更衣室的設置，是為了讓所有店員在作業前，換穿工作服及貯放穿戴的衣物、佩飾。更衣室內應設置儲衣櫃及鞋架，室內需配置鏡子以整理儀容。

2.設置個人消毒設施

⑴消毒室的牆面須貼白瓷磚以利清洗。

⑵入口處設有刷鞋池，並備有鞋刷。

⑶入口處兩邊的牆壁釘有清潔液架，以放置清潔液或肥皂。

⑷兩邊設置洗手台，並安置數個肘壓式的水龍頭及毛刷。

⑸洗手台的下方設置消毒池，池深約可淹及鞋面，消毒池內泡消毒劑，或用 200 毫升有效氯消毒液。每日須更換或補充氯水，以維持有效氯的濃度，達到消毒效果。

⑹洗手台後側牆邊設置紙巾架或毛巾架。

⑺毛巾架後側設手指消毒器。

⑻設置手肘或腳踏式的門，防止手部再污染。

二、店鋪外環境衛生的執行標準

1. 燈箱保持清潔、明亮，無裂縫、無破損。霓虹燈無壞損燈管。
2. 幕牆內外玻璃每月清洗一次，保持光潔、明亮，無污漬、水跡。
3. 旗杆、旗台應每天清潔，保持光潔無塵。
4. 場外升掛的國旗、公司旗每半個月清洗一次，每 3 個月更換一次，如有破損應立即更換。
5. 場外掛旗、橫幅、燈籠、促銷車、遮陽傘等促銷氣氛展示物品應保持整潔，完好無損。
6. 雨後應及時擦乾休息椅椅面。

三、辦公區環境衛生的執行標準

1. 店員必須瞭解衛生的重要性與相關知識。
2. 各工作場所內，均須保持整潔，不得堆積已產生臭氣或有礙衛生的垃圾、污垢或碎屑。
3. 各工作場所內的走道及階梯，至少須每日清掃一次，並須採用適當方法減少灰塵的飛揚。
4. 各工作場所內，應嚴禁隨地吐痰。
5. 飲水必須清潔。
6. 其他衛生設施，必須特別保持清潔。
7. 排水溝應經常清除污穢，保持清潔暢通。
8. 凡可能寄生傳染菌的原料，應於使用前施以適當的消毒。
9. 凡可能產生有礙衛生的氣體、塵灰、粉末的工作崗位，應遵守

下列規定：

⑴採用適當方法減少此項有害物的產生。

⑵使用密閉器具以防止此項有害物的散發。

⑶於發生此項有害物的最近處，按其性質分別作凝結、沉澱、吸引或排除等措施。

10.對於處理有毒物或高熱物體的工作崗位或從事於有塵埃、粉末或有毒氣體散佈場所的工作崗位。或暴露於有害光線中的工作崗位等，須穿用防護服裝或器具，並按其性質置備。

對於本店的防護服裝或器具，使用人員必須善用。

11.各工作崗位場所的採光，應依下列規定：

⑴各工作崗位部門有充分的光線。

⑵光線須有適宜的分佈。

⑶須防止光線的炫目及閃動。

12.各工作崗位場所有窗面及照明器具的透光部份，均須保持清潔，勿使有所掩蔽。

13.對於階梯、升降機上下處及機械的危險部份，均須有適度光線。

14.各工作崗位場所應保持適當的溫度，可採用暖氣、冷氣或通風等方法調整溫度。

15.各工作崗位場所應充分使空氣流通。

16.食堂及廚房的一切用具及環境，均須保持清潔衛生。

17.垃圾、汙物、廢棄物等的消除，必須符合衛生的要求，放置於所規定的場所或箱子內，不得任意亂倒堆積。

18.店內應設置甲種急救藥品設備並存放於小箱或小櫥內，置於明顯之處以防污染而便利取用。每月必須檢查一次，其內容物有缺時應隨時補充。

第三節　店員的衛生清潔操作規範

店鋪清潔與衛生，來自於日常工作的定期清理與打掃，而店面內的每一項設備及相關區域的清潔，都需按照一定的標準規範來操作。

一、櫃檯衛生清潔操作規範

店員有義務保持店內作業場所環境衛生的整潔，遵守店鋪的衛生管理規定，服從管理人員的監督管理，配合清潔人員共同做好店內衛生。

1. 專櫃經營者不得超高超長擺放商品。
2. 愛護店內的一切設施和設備，損壞者照價賠償。
3. 不得隨地吐痰、亂扔雜物等。
4. 各專櫃的經營人員必須保持鋪位或櫃檯所轄區域衛生。
5. 經營人員不能在禁煙區內吸煙。
6. 晚上清場時將鋪位內的垃圾放到通道上，便於清理。

二、通道、就餐區衛生清潔操作規範

1. 公告欄應指定專人管理。相應管理人員應對需張貼的通知、公告等文件資料內容進行檢查、登記，不符合要求的不予張貼。店員應注意協助維護公告欄的整潔，不得拿取、損壞張貼的文件資料。
2. 店員通道內的卡鐘、卡座應掛放在指定位置。並保持卡座上的區域標識完好無損。

3. 考勤卡應按區域劃分配，插放於指定位置，並注意保持整潔。

4. 用餐後應將垃圾扔入垃圾桶。

5. 茶渣等應倒在指定的垃圾桶內，不能倒入水池。

6. 當班時間不得在就餐區休息、吃食物。

三、更衣室衛生清潔操作規範

1. 清潔地面

掃地、濕拖、擦抹牆腳、清潔衛生死角。

2. 清潔浴室

⑴用洗潔精配水洗擦地面和牆身。

⑵洗抹鹹油缸。

⑶用布清潔門、牆頭。

⑷清潔洗手台、盆。

3. 清潔店員洗手間

4. 清潔工衣櫃的櫃頂、櫃身

5. 室內衛生清潔

⑴清理煙灰缸。

⑵打掃天花板，清潔冷氣機出風口。

⑶清潔地腳線、裝飾板、門、指示牌。

⑷打掃樓梯。

⑸拆洗窗簾布。

⑹清倒垃圾，做好交接班工作崗位。

6. 拾獲店員物品

拾獲店員的物品，應及時登記上交保安部，並報告部門主管。

四、洗手間環境衛生清潔操作規範

1. 所有清潔工序必須自上而下進行。

2. 放水沖入一定量的清潔劑。

3. 清除垃圾雜物，用清水洗淨垃圾並用抹布擦乾。

4. 用除漬劑清除地膠墊和下水道口，清潔缸圈上的污垢和漬垢。

5. 用清潔桶裝上低濃度的鹼性清潔劑徹底清潔地膠墊，不可在浴缸裏或臉盆裏洗。桶裏用過的水可在做下一個衛生間前倒入其廁內。

6. 在鏡面上噴上玻璃清潔劑，並用抹布清潔。

7. 用清水洗淨水箱。並用專備的擦杯布擦乾。煙缸上如有污漬，可用海綿塊蘸少許除漬劑清潔。

8. 清潔臉盆和化妝台，如客人有物品放在台上，應小心移開，將台面抹淨後仍將其復位。

9. 用海綿塊蘸少許中性清潔劑擦除臉盆鍍鋅件上的皂垢、水斑，並立即用乾抹布擦亮。禁止用毛巾作抹布。

五、玻璃門窗、幕牆衛生清潔操作規範

玻璃門窗、幕牆清潔要達到的標準是：玻璃面上無汙跡、水跡；清潔後用紙巾擦拭。要達到這個標準。必須定期、有計劃進行清潔，防止塵埃堆積，保持清潔。具體清潔方法如下：

1. 先用刀片刮掉玻璃上的汙跡。

2. 把浸有玻璃清潔溶液的毛巾裹在玻璃上，然後用適當的力量按在玻璃頂端從上往下垂直洗抹，汙跡較重的地方重點抹。

41

3.去掉毛巾用玻璃刮，刮去玻璃表面的水分。一洗一刮連續進行，當玻璃接近地面時，可以把刮作橫向移動。作業時，注意防止玻璃刮的金屬部份刮花玻璃。

4.用無絨毛巾抹去玻璃框上的水珠。

5.最後用地拖拖乾地面上的污水。

6.高空作業時，應兩人作業並繫好安全帶，戴好安全帽。

六、燈具清潔操作規範

燈具清潔的目標是：清潔後的燈具無灰塵，燈具內無蚊蟲，燈蓋、燈罩明亮清潔。要達到這個標準，其清潔必須做到：

1.關閉電源，一手托起燈罩，一手拿螺絲刀，擰鬆燈罩的固定螺絲，取下燈罩。如果是清潔高空的燈具，則架好梯子，人站在梯上作業，但要注意安全，防止摔傷。

2.取下燈罩後，用濕抹布擦抹燈罩內外汙跡和蟲子，再用乾抹布抹乾水分。

3.將燈罩裝上，並用螺絲刀擰緊固定螺絲，但不要用力過大，防止損壞燈罩。

4.清潔燈管時，也應先關閉電源，打開蓋板，取下燈管，用抹布分別擦抹燈管及蓋板，然後重新裝好。

七、手扶梯、電梯清潔操作規範

1.手扶梯：每天四次抹手扶梯表面及兩旁安全板，每天兩次踏腳板、梯級表面吸塵，每週一次扶手帶及兩旁安全板表面打蠟。

2.電梯：每天兩次掃淨及清擦電梯門表面，每天兩次抹淨電梯內壁、門及指示板，每天一次電梯天花板表面除塵，每天一次電梯門縫吸塵，每天一次抹淨電梯通風口及照明燈片，每週一次電梯表面塗上保護膜，遇有需要時應清理電梯槽底垃圾。

八、店鋪外地面清潔操作規範

店鋪室外地面清潔要達到的標準是：地面無雜物、積水，無明顯污漬、泥沙；果皮箱、垃圾桶外表無明顯汙跡，無垃圾粘附；沙井、明溝內無積水、無雜物；距宣傳牌、雕塑半米處目視無灰塵、汙跡。為達到此標準，必須堅持做到：

1.每天兩次，用掃把、垃圾鬥對室外地面進行徹底清掃，清掃地面果皮、紙屑、泥沙和煙頭等雜物。

2.每天營業時間每隔半小時至一小時巡迴清掃保潔一次。

3.發現污水、污漬、口痰，須在半小時內沖刷、清理乾淨。如地面粘有香口膠，要用鏟刀消除。

4.果皮箱、垃圾桶每天上、下午各清倒一次，洗刷一次。

5.沙井、明溝每天揭開鐵蓋板徹底清理一次。

6.室外宣傳牌、雕塑每天用濕毛巾擦拭一次。

7.每月用水沖洗有汙跡地面、牆面一次。

九、廢棄物處理規範

1.廢棄物的分類

⑴可回收廢棄物——如紙張、塑膠製品、玻璃製品、橡膠、皮革、

金屬、紡織物等。

⑵生活廢棄物——如蔬菜殘渣、果皮、花草、竹木、陶瓷等。

⑶有害廢棄物——如各種廢電池、廢光管、藥劑罐、氣體罐及各種藥劑、藥品。

⑷大件廢棄物——如沙發、床墊、廢家什、廢電器等。

2.廢棄物的存放規範

店鋪一般都會設置垃圾桶、垃圾箱、垃圾車、煙灰筒、字紙簍、茶葉筐等臨時存放垃圾的容器。保潔人員在處理這些廢棄物時須注意：

⑴存放容器要按垃圾種類和性質配備。

⑵存放容器要按垃圾的產生量放置在各個場所。

⑶存放容器要易存放、易清倒、易搬運、易清洗。

⑷有些場所的存放容器應加蓋，以防異味散發。

⑸存放容器及存放容器週圍要保持清潔。

3.廢棄物收集清運操作規範

⑴及時清除樓面上所有的垃圾，收集清運時，用垃圾袋裝好，並選擇適宜的通道和時間；只能使用貨運電梯，不可使用客梯。

⑵在清除垃圾時，避免將垃圾散落在樓梯和樓面上。

⑶要注意安全，不能將紙盒箱從上往下扔。

⑷要經常沖洗垃圾間，保持垃圾間的整潔，防止產生異味及招來飛蟲。

第 **3** 章

店員必備的行為禮儀

　　店員就是和顧客打交道，儀容、儀表、行為反映了內心的精神面貌和審美情趣，所以店員對自己的儀容、儀表、行為應該重視，如果不講究禮儀，那麼一定不會銷售成功。

第一節　店員的儀表修飾

　　一個人的儀表在一定程度上反映了他內心的精神面貌和審美情趣，在與人交往時，這是最容易為他人注意的地方，所以，店員首要的問題是把自己修飾一番。店員就是和顧客打交道的，所以對自己的儀表更應該重視。

　　菲菲是一名店員，目前在某品牌服裝專櫃工作，一次輪休過後，菲菲興高采烈地來到店內。她在休息日買到了一個印度風的耳環，吊墜繁複華麗，正好給同事秀一下。

　　到了店裏，同事果然很喜歡，很多人都追問菲菲耳環是從那裏來的，但是店長看到了菲菲的耳環卻皺緊了眉頭，並要求她除

去耳環，說是戴這樣的耳環影響了門店形象。菲菲很委屈，明明耳環搭配工裝就很漂亮，為什麼店長偏要干涉呢？自己戴耳環又怎麼會影響門店形象？真是小題大做！

愛美之心人皆有之，然而菲菲卻忽略了一點：在工作時間，她首先是一個店員，其次才是一個漂亮女孩。從穿上店員制月反的那一刻起，店員的個人形象就必須統一於店面形象這個整體，而對於店鋪來說，整潔、整齊劃一才是真正的美。

必須認識到，店員對外代表著店鋪的形象，良好的儀容儀表大而言之可以提升店鋪的品牌價值，小而言之可以令顧客心情愉悅。現在，絕大部份店鋪都有了統一的制服，也正是因為這樣，一些店員便忽略了一些細節問題，例如怎樣合理使用佩飾搭配著裝。佩飾的搭配是一門學問，搭配得當就會起到畫龍點睛之效，搭配不當，就會影響整個著裝效果。

受過正規培訓的店員們都知道，工作中一定要衣著整潔得體，這一點大部份店員都做得不錯。但在佩飾的佩戴上，很多店員卻缺乏這方面的知識：一條絲巾不管搭配什麼樣的工裝都從頭戴到尾；轉身昂頭佩戴的首飾叮噹響；衣著雖然看起來得體，但是腰帶、皮鞋卻露了怯……事實上，對於樹立店員職業形象而言，佩飾的佩戴同樣重要。

一、店員的儀容儀表規範

店員得體的儀表和溫馨的笑容會給每一個顧客留下深刻的印象，在服務週到的同時也給顧客帶來了美的享受。

1. 男性店員的儀容要求

⑴服裝：穿規定制服，衣服要整潔並經過整燙，襯衫紐扣要扣牢，

禁止捲袖口和長褲褲角。

(2)手：始終保持清潔，禁止留長指甲。

(3)鞋子：穿黑色、咖啡色皮鞋，保持整潔，禁止穿運動鞋、拖鞋、草編涼鞋。

(4)頭髮：嚴禁留長頭髮，定期理髮並保持整潔，頭髮不要遮住臉，頭髮禁止染成彩色。

(5)裝飾品：食品、餐飲部的職工禁止佩戴，其他部門的職工可允許戴婚戒（嵌寶戒除外）。

(6)臉：不得留鬍子、蓄大鬢角。

(7)領帶：與西裝、襯衫搭配得當，清潔，繫得端正。

(8)款式：符合季節和工作環境。

(9)胸卡和工號牌：端正地別在指定位置，無歪斜。

(10)襪子：以黑白兩色為主，無臭味，無破損。

特別提醒：

(1)工作時間不能抽煙。

(2)不能吃口香糖。

(3)不能在顧客面前整理衣服。

(4)不准理怪髮型，不得抹氣味濃重的護髮用品。

2.女性店員的儀容要求

(1)服裝：穿規定制服，衣服要整潔並經過整燙，襯衫紐扣扣牢，穿比裙子下擺長的長統襪，連褲襪一律肉色。

(2)手：始終保持手的清潔，禁止留長指甲。

(3)鞋子：穿黑色、咖啡色鞋，保持整潔，禁止穿運動鞋、拖鞋、草編鞋。

(4)頭髮：定期理髮，保持整潔，長頭髮不要遮住臉，不准鬆散披

肩，頭髮禁止染成彩色。

⑸裝飾品：頭飾以黑色、咖啡色、藍色系列為宜；耳環：食品、飲品部門職工禁止戴；其他部門職工禁止戴直徑 5 毫米以下的耳環；食品、餐飲部的職工禁止戴項鍊、手鍊、腳鍊；其他部門的職工可以戴婚戒（嵌寶戒除外）。

⑹髮絲和髮夾：樣式大方，顏色素雅。

⑺劉海：適中，以不遮住眉毛為宜。

⑻化妝：淡雅宜人。

⑼香水：清新素雅為宜。

⑽胸卡和工號牌：端正，別在指定位置。

特別提醒：

⑴不准在顧客面前補妝。

⑵用餐後應注意口紅的完整。

⑶不能穿容易脫落的絲襪。

⑷襪子的長度應在裙擺之上。

⑸不能穿高跟鞋。

⑹不能穿寬鬆的休閒裝。

3.整潔得體，講究細節

⑴服裝要洗滌乾淨，熨燙平整。

⑵襪子要每天換洗，女店員應多預備一雙襪子，以便替換。

⑶勤洗澡，修剪指甲。

⑷經常更換內衣褲，保持身體清潔，無汗味、異味。

⑸堅持刷牙，保持口腔衛生，不吃蒜、蔥等有異味的食物。

⑹頭髮要勤洗、無頭皮屑。

特別提醒：

工作期間嚴禁以下行為：

①剔指甲、剔牙齒、打哈欠，不停地看手錶。

②哼小曲、吹哨、喃喃自語或敲東西，玩飾物等。

③在顧客面前吸煙，大聲說話，粗言穢語，聊天，吃零食，咳嗽，打噴嚏，吐痰等。

二、店員的儀容修飾

　　面部儀表修飾也稱儀容修飾。儀容一般意義上講也就是指個人的容貌，即通常人們所說的相貌和長相。這是人際交往中，首先為別人所注意的地方，也是首要的視覺形象，進而可能會影響到別人對自己的整體評價，所以店員一定要注意對自己儀容的修飾。

　　在接待與服務工作中，對個人儀容的要求一般是：儀容要自然美、修飾美、內在美三者統一。

　　自然美是指儀容的先天條件好，天生麗質。儘管以貌取人不合情理，但是先天美好的儀容、相貌令人賞心悅目，感覺愉快。畢竟如果顧客面對的是一個相貌醜陋的店員，他肯定會望而卻步。

　　修飾美是指依照規範，按個人條件對儀容進行必要的修飾，揚其長，避其短，設計、塑造出的個人美好形象。修飾美在接待、服務工作中顯示出對服務對象的尊重與服務者的自尊。

　　內在美是指通過努力學習，不斷提高個人文化、藝術素養、道德水準，培養出來的高雅氣質與美好心靈。內在美使自己秀外慧中，表裏如一。

1. 店員面部修飾的原則

店員面部修飾的原則有三點，即潔淨、衛生和自然。

(1)潔淨

潔淨對面部修飾來說是一個最基本的原則。因此店員在進行面部修飾時，首先要考慮面容的清潔與否，務必要把保持自己的面部乾淨、清爽當作一椿大事來看。

要真正保持面部的乾淨清爽，公認的標準是臉部無灰塵、無泥垢、無汗漬、無分泌物、無其他一切被人們視為不潔之物的雜質。店員要做好這一點，就要養成平時勤於洗臉的良好習慣。應當著重指出的是，對於廣大店員而言，洗臉絕對不應當被看成僅僅是早上起床後、晚上睡覺前的個人私事。要真正保持自己面部的潔淨，實際上每天只洗一兩次臉是遠遠不夠的。依照常規，外出歸來、午休完畢、流汗流淚、接觸灰塵之後，店員均應自覺地及時洗臉。

在洗臉時，店員一定要耐心細緻，完全徹底，「面面俱到」。眼角、鼻孔、耳後、脖頸等易於藏汙納垢之處，切勿「蜻蜓點水」，一帶而過。

(2)衛生

衛生是要求店員認真注意自己面容的健康狀況。如果面部的衛生狀態不佳，很容易讓顧客產生抵觸情緒。

面部的衛生，需要同時兼顧講究衛生與保持衛生兩個方面。特別應當留意，要防止由於個人不講究衛生而使面部經常疙疙瘩瘩。可以想像，一位面部滿是癤子、痤瘡或是皰疹的店員，在服務對象的眼裏是什麼形象。

所以店員一旦面部出現了明顯的過敏性症狀，或是長出了癤子、痤瘡、皰疹，務必要及時去醫院求治，切勿任其自然或者自行處理。

尤其不要又抓、又撓、又擠，免得因此而「滿臉開花」，讓人慘不忍睹。

此外根據常規，店員萬一面部患病、負傷或是治療之後，特別是當其面部進行包紮、塗藥之後，一般不宜直接與服務對象進行正面接觸，而是需要暫時休息，或者暫做其他工作崗位，而不能讓其仍「一如既往」地面對顧客以致影響服務品質。

(3) 自然

自然是要求店員在修飾面部時要符合人們對自己角色定位的常規標準，不能太過創新，一味地追求時尚新潮，更不能緊迫社會的「流行風」，過於誇張地修飾自己。例如，目前流行一時的貼飾，即將圖形、文字粘貼於面部或身體其他部位的做法。因此，既要美觀又要合乎常理是店員時刻要牢記的標準。但同時要意識到，店員要按其工作性質進行面部修飾，最重要的是要「秀於外」與「慧於中」二者併舉。如果只是片面地強調面部的美化，甚至要求店員去改變自己天生的容貌、紋眉、隆鼻、墊腮、吸脂、紋唇線、割雙眼皮，不僅沒有必要，而且也太苛刻。

2. 店員面部修飾的具體方法

明白了對面部修飾要注意的三原則之後，店員在具體對面部的各個局部進行修飾時，就有「據」可依了。一般面部的修飾主要包括臉、眉毛、眼部、耳部、鼻部、口部等幾個局部的修飾。下面對此逐一加以介紹，希望能對店員有所幫助。

(1) 臉部

臉部的修飾主要是對臉部皮膚的護理和保養。對臉部皮膚護理時，要根據自己皮膚的特點，選擇合適的護膚品進行護理，並保持愉快、樂觀、積極的心態，使自己容光煥發。臉部皮膚的特點一般不外

51

乎以下五種類型：

①油性皮膚

此類皮膚的人面部如同塗有油脂，非常滑膩，不易出現皺紋，但易使一些污垢常附著於皮膚之上，所以應經常清洗，不宜擦油脂含量多的護膚品。

②乾性皮膚

此類皮膚皮脂腺分泌少，沒有油膩感。由於缺少水分，皮膚會發紅，皮膚表面易乾巴，失去應有的彈性和光澤，也容易產生皺紋。長時間風吹日曬，皮膚就會發紅和起皮屑，在寒冷、乾燥的季節裏出現皸裂。因此，宜多使用含甘油的香皂和含油脂量較多的油脂類護膚品。

③中性皮膚

這是最健康的皮膚，其皮脂和水分的分泌適中。皮膚既不乾燥也不油膩，結實而潤滑，富有彈性，膚色潔白，紅潤光澤，可選用各種護膚的膏霜。

④混合性皮膚

即一個人的面部同時存在兩種類型的皮膚，宜分別護理。

⑤過敏性皮膚

此類皮膚毛孔粗大，油脂分泌偏多，對許多護膚膏霜和化妝品有過敏性反應，易出現皮膚發癢、紅腫、刺痛、皮疹，嚴重者甚至產生心慌、氣短、面色蒼白等現象。

(2)眉毛

眉毛在一個人的面部雖然不是處於特別重要的地位，但它也絕非可以「不管不顧」。如果一個人沒有眉毛，或者是眉毛長得特別難看無型，而你又對之不理不睬，那麼整個的面部修飾可能會因此而毀於一旦，即所謂的「一著不慎，滿盤皆輸」。所以對眉毛修飾時，要注

意這樣三點內容：

①眉形的美觀

眉形的美觀與否對任何人都很重要。大凡美觀的眉形，不僅形態正常而優美，而且還應當又黑又濃。對於那些不夠美觀的眉形，諸如殘眉、斷眉、豎眉、「八字眉」，或是過淡、過稀的眉毛，必要時應採取措施進行修飾。

②眉毛的梳理

店員一定要牢記，自己擁有的美觀眉形，只有在平時經過認真梳理才能算是真正完美無缺。務必要養成習慣，每天上班前在進行面部修飾時，要梳理一下自己的眉毛，令其秩序井然，而非東倒西歪，參差不齊。

③眉毛的清潔

在洗臉、化妝以及其他可能的情況下，店員都要特別留意一下自己的眉毛是否清潔。特別要防止在自己的眉部出現諸如灰塵、死皮或是掉下來的眉毛等異物。

(3)眼部

俗話說：「眼睛是心靈的窗戶。」因此人們觀察評價一個人時，往往會首先去注意他的眼睛。任何事情都可以被很好地修飾和掩蓋，但透過人的眼睛卻能比較輕易地觀察到人們內心的所思所想。正因為人們都愛注視別人的眼睛，所以對眼部的修飾更不能掉以輕心。對眼部的修飾也須注意三點內容：

既然店員的眼部最為他人所注意，那首先就不能不重視它的保潔問題。對一般的店員來講，在這一方面最重要的是要及時除去自己眼角上不斷出現的分泌物，那怕它只是在眼角上或睫毛上殘留一點點，都會給他人以又懶又髒的感覺。

⑷鼻部

鼻部在一個人的面部中所處的地位算得上是「舉足輕重」了，那麼對鼻部的修飾應該是理所當然的。但是鼻部總是會多多少少存在一些讓人看上去不夠雅觀的問題，所以對鼻部修理時要注意：

鼻部的週圍往往毛孔較為粗大。內分泌過於旺盛的人如若清潔面部時對此不加注意，時間久了，便會在此處積存一些脂肪或泥垢。它們就是人們平常所說的「黑頭」。在清理這些有損個人形象之物時，切勿亂擠亂摳，造成局部感染。明智的做法，一是平時對此處要認真進行清洗，二是可用專門對付它們的「鼻貼」，將其處置掉。

如同耳毛一樣，鼻毛長到一定的程度，也會冒出鼻孔之外。店員對此切莫掉以輕心，而要注意定期對其進行檢查。一經發現超長，即應對其進行修剪。然而一定要牢記，千萬不要當眾用手去揪拔自己的鼻毛。

⑸唇部

店員最主要的工作是開口與別人說話，唇部修飾得如何直接影響到與顧客的溝通與交流，所以唇部修飾至關重要。這裏的唇部修飾意義比較廣泛，不僅僅指嘴巴，它包括了與嘴有關係的各個方面，尤其是牙齒和嘴唇。店員在對唇部修飾時要注意：

要做好口腔衛生，防止嘴中產生異味，最好的辦法就是要認真刷牙，還要採用正確的刷牙方式，而且要求貴在堅持。

維護牙齒，除了要使之做到無異物、無異味之外，還要注意使之保持潔白，並且及時地去除有礙口腔衛生的牙石。在目前條件下，最佳的辦法就是要定期去口腔醫院洗牙。

工作崗位上，為了防止自己的口中因為飲食方面的原因而產生異味，故此應當暫時避免食用一些氣味過於刺鼻的飲食，主要包括蔥、

蒜、韭菜、腐乳、蝦醬、烈酒等。

三、店員的頭髮修飾

　　一個人給別人印象最深的地方就是頭髮的修飾。而所謂的頭髮修飾，也就是指人們依照自己的審美習慣、工作性質和自身特點，而對頭髮所進行的清潔、修剪、保養和美化。店員在進行個人頭髮修飾時，不僅要恪守對於常人的一般性要求，而且還必須嚴守本行業、本單位的特殊性要求，使自己的頭髮修飾得體、規範。具體來說，店員在對自己的頭髮修飾時要注意：

1.頭髮的整潔

　　頭髮的整潔與否往往反映了一個人的精神面貌。頭髮蓬亂就會讓人覺得你精神萎靡不振、邋遢，做事馬虎不認真；而頭髮整潔有型則會讓人覺得你精氣神十足，做事有活力、有幹勁。所以店員要想使顧客對自己的形象認同，首先就要保持自己頭髮的整潔，這可以通過清洗、修剪和梳理三種方法做到：

　　(1)清洗

　　清洗頭髮時，除了注意要採取正確的清洗方式方法外，最重要的還是要對頭髮定期清洗，並且堅持不懈。一般認為，每週至少應當清洗兩三次。

　　(2)修剪

　　與清洗頭髮一樣，修剪頭髮同樣需要定期進行。在正常情況之下，通常應當每半個月修剪一次。

　　(3)梳理

　　良好的頭髮修飾離不開平時的梳理保養，出門上班前、換裝工作

崗位上崗前、摘下帽子後、下班回家時等其他必要時，都要對頭髮進行恰當的梳理和修飾。

　　店員在梳理自己的頭髮時，還有三點應予注意：一是梳理頭髮不宜當眾進行。作為私人事務，梳理頭髮時當然應當避開外人。二是梳理頭髮不宜直接用手。店員最好隨身攜帶一把髮梳，以便必要時梳理頭髮之用。不到萬不得已，千萬不要以手指去代替髮梳。三是斷髮頭屑不宜隨手亂扔。梳理頭髮時，難免會產生少許斷髮、頭屑等，信手亂扔，是缺乏教養的表現。

　　2. 髮型的選擇

　　髮型的選擇是店員頭髮修飾工作中最關鍵的內容。選擇髮型時要考慮的因素很多，如年齡、性別、民族、宗教、身材、臉型、性格和服飾等等。髮型選擇時要對多種因素進行綜合平衡考慮，否則就可能功敗垂成。對店員來講，選擇髮型時，考慮的一個最重要的因素應是職業，也就是自己的工作性質。服務行業的性質決定了店員的髮型選擇不能太隨心所欲，要遵循兩個標準：

　　(1)長短適中

　　雖然時下流行長髮，但店員的工作性質決定了選擇髮型時應以短髮為主，而不能仍對其長度進行自由放任。

　　對男性店員來講，按照常規，絕對不允許在工作之時長髮披肩，或者梳起髮辮。不僅如此，男性店員在修飾頭髮，考慮其具體長度的上限時，還須切記要令其美觀。根據一般要求，男性店員在修飾頭髮時，必須做到：前髮不覆額，主要是要求男性店員不應使自己額頭前的頭髮垂在前額之上；側髮不掩耳，主要是要求男性店員不應使自己兩側的頭髮遮擋耳朵，不應當蓄留鬢角；後髮不觸領，則主要是要求男性店員腦後的頭髮不宜長至襯衣的衣領，免得將通常為白色的衣領

弄髒。

　　此外，男性店員在選擇髮型時最好不要選擇光頭，因為光頭不僅不符合人們日常的審美習慣，還會讓人產生滑稽古怪的感覺。該髮型只是一些追趕時髦的新新人類為了扮酷，顯示自己的個性而選擇的。

　　對於女性店員，雖然長髮飄飄是很多女性的夢想，但女性店員的頭髮長不宜過於肩部，更不應隨意披散開來擋住眼睛。當然這也並不是說要強迫長髮過肩者全部將其剪短，而是希望其採取一定的措施，在工作之前，將超長的頭髮盤起來、束起來、編起來，或是置於工作帽之內，不可以披頭散髮。至於她們下班以後是不是可以長髮飄逸，則純屬個人自由，不能加以干涉。

　　女性店員留短髮不僅梳理方便、節約時間，符合時尚，而且還會給人一種精明幹練之感。現在典型的白領們越來越多地留起了短髮。

(2)風格莊重

　　莊重保守才易使顧客信任自己，所以店員選擇髮型時還應有意識地使之體現莊重而保守的風格。

　　一般而言，店員在為自己選擇具體的髮型時，必須有意識地使之以簡約、明快而見長。若非從事髮型設計或美髮工作崗位，店員通常不宜使自己的髮型過分地時髦，尤其是不要為了標新立異而有意選擇極端前衛的髮型。

　　總之，店員在為自己選擇具體髮型時，務必要牢記，無論什麼樣的髮型都必須令其與自己的身份相符，必須符合本行業的「共性」，切勿使之同自己的身份相差甚遠，或是「個性化」色彩異乎尋常地強烈。

四、店員的服裝修飾

店員的服裝修飾包括兩方面的內容，即服裝修飾和飾品佩戴，下面加以分別論述。

服裝穿著是一門高雅的藝術，如果一個人懂得這門藝術，能根據不同的場合選擇合適得體的服裝，那麼他就可以稱得上是一個高雅的、有情趣的人。因為它能在很大程度上反映人們社會生活、文化和各方面的修養，所以人們在社交場合中都特別注意自己的服裝穿著。而作為以與人打交道為主要工作的店員就更應該注意自己的服裝穿著。

那麼在一般情況下，服裝穿著應遵循什麼原則呢？具體說來有三點，即應人原則、應事原則和應禮原則。

1. 應人原則

服裝再好也是為人服務的，所以服裝穿著時首先要遵循應人原則，即要能體現出人的個性，要以自己的特點為依據選擇服裝，而不能盲目從眾趕時髦，必須使之與自己的年齡、身份、體型和性格相協調。

(1)穿著應與身份職業協調

俗話說，演什麼戲著什麼行頭。不同身份與職業的人，在著裝上應體現出不同的風格。青年學生的著裝應該簡潔、樸素、大方，符合學生生性好動的特點；教師的著裝則應端莊、穩重、簡潔、大方，既不因妖嬈華麗而分散學生學習的注意力，也不因古板守舊而引起學生的反感與畏懼。商業店員的服飾則更多地應體現整體、規範、統一的行業特點，這樣可體現出店員的身份和管理的層次。

(2)穿著應與年齡協調

不同年齡的人對服裝的選擇應有不同的要求。深灰色中山裝適合穿在中老年男性身上，給人以莊重成熟感；高腰夾克適合年輕女孩，透出英武和天真。在現實生活中我們的確也可以看到許多年逾古稀的老人，打扮出來有一種即使是翩翩少年也望塵莫及的優雅風度，這其中奧妙就在於他們抓住了這個年齡段特有的風姿韻味和魅力，從而流露出年逾古稀的自然美。

(3)穿著應與體型相協調

體型對服裝的選擇影響很大，不同體型的人要選擇不同的服裝以揚長避短。如豎條或深色服裝體型較胖的人穿著可以顯得苗條，但不適合瘦高個；高瘦身材的人應儘量避免短上裝及瘦小下裝和深色緊身服裝；矮小身材者可選用簡單、直線設計和乾淨明朗的布料；頸短者穿「V」領服裝；過胖體型的人可多選用深色合體的服裝。

(4)穿著應與個性相協調

個性不同，所選擇的服裝也應不同，如果某個人的穿著與他的個性不協調，那就會讓人看上去有一種不倫不類的感覺。人的個性各異，有的人活潑開朗，有的人耿直爽朗，有的人溫文爾雅，有的人恬靜細膩。因而，每個人都應選擇與自己個性相統一的服裝，只有人的內在性格特點與外在服裝和諧統一時，人的美才能得到充分地體現。

2.應禮原則

所謂應禮原則是指服裝的穿著要符合基本的禮儀規範，符合人們對美的基本認知，否則，則有可能讓人認為不倫不類，貽笑大方。

例如，身著西服而配穿旅遊鞋，就會給人以缺少修養的感覺；穿睡衣待客或者走上大街等，都是十分失禮的行為。在任何場合下，西服套短褲，中山裝配運動褲，夾克衫戴禮帽的穿著搭配方法，都是沒

有品位、不會審美和不懂禮儀的表現。這樣的穿著搭配會讓人嗤之以鼻，且會被別人認為你沒有任何情趣和風度。

第二節　店員的各種行為姿勢

人的行為舉止也被稱為儀態，即姿態和舉止。姿態是指人的身體呈現的樣子，舉止則指人在行為中的舉手投足。對店員來講，雖然儀表修飾很重要，但對儀態也不可忽視，它是人們優雅氣質和風度的重要體現，是良好人格修養的外在形式。所以店員在工作崗位上時要注意自己的行為舉止，這主要包括三方面的內容，即站姿、走姿和坐姿。

一、挺拔優雅的站立姿勢

據心理學家觀察發現，站姿最能表現一個人的性格特徵。如雙腿併攏站立者，給人以可靠、忠厚老實和冷漠之感；雙腿分開，腳尖略偏向外站立者則表現出果斷、任性和進取；雙腿併攏，雙腳前後站立者，顯示出雄心、進取和暴躁；站立時一腿直立另一腿彎且以腳尖觸地者，顯示出一種不穩定的、好挑戰與刺激的特徵。作為一名店員，在工作崗位中應該使用正確的站立姿勢，男士顯得挺拔穩重，女士顯得優雅端莊，給人以熱情可靠、落落大方之感。

1.店員的基本站姿

所謂店員的基本站姿，是指在常規情況下站立時的標準姿勢，這是店員儀態方面最基本的一項要求，要使人看上去有精神、有力度並且飽滿向上。

　　具體要求和做法是：頭部抬起（一般不應高於自己的交往對象），面部朝向正前方，雙眼平視，下頜微微內收，頸部挺直。雙肩放鬆，呼吸自然，腰部直立。雙臂自然下垂於身體兩側，手部虎口向前，手指稍許彎曲，指尖朝下。兩腿立正併攏，雙膝、雙腳的跟部緊靠於一起，兩腳呈「Ｖ」狀分開，腳尖之間相距約一個拳頭的寬度（又叫「外八字」）。注意提起髖部，身體的重量應當平均分佈在兩條腿上。

　　採取這種站姿後，從正面看頭正、肩平、身直；從側面看，則身體的輪廓線會表現出含頜、挺胸、收腹、直腿的特徵。總之，要穩重、大方、優雅。店員如果能採取這種站姿，則不僅給人印象良好，而且還可以幫助呼吸，改善血液循環，並能在一定程度上減緩身體的疲勞。

　　當然，雖然基本站姿的標準如此，但在實際中，男女店員的站立是有一些不同的，這主要是表現在其手位與腳位的不同。

　　一般情況下，男性店員在站立時，要注意表現出男性剛健、瀟灑、英武、強壯的風采，要力求給人以一種「有勁」的壯美感。具體來講，在站立時，男性店員可以將雙手相握、疊放於腹前，或者相握於身後。雙腳可以叉開，叉開幅度大致上與肩部同寬，為雙腳叉開後兩腳之間相距的極限。而女性店員在站立時，則要注意表現出女性輕盈、嫵媚、嫻靜、典雅的韻味，要努力給人以一種「靜」的優美感。具體來講，在站立時，女性店員可以將雙手相握或疊放於腹前。雙腳可以在一條腿為重心的前提下，稍許叉開。

　　無論是男性店員還是女性店員，都要注意的一個問題就是站立時務必使自己正面面對顧客，而不可將背部對著他們，那會讓人感覺你不尊重他們，從而使他們心裏感到不舒服。

2.店員特殊情況下的站姿

　　一般而言，店員要保持自己的基本站姿不變，但任何事情都不是

絕對的，都會隨著具體情況的變化而有所變化。在以下幾種情況下，店員也可以「隨機而站」，適時改變自己的站姿。

(1)為人服務時

此時的站姿也被稱為「接待員的站姿」。這是店員在自己工作崗位上接待顧客時可採用的站姿。當身前沒有障礙物，受到他人的注視，與他人進行短時間交談和傾聽他人的訴說時，都是採用這種站立姿勢的良好時機。

採用為人服務的站姿時，頭部可以微微側向自己的服務對象，一定要保持微笑。手臂可以持物，也可以自然地下垂。在手臂垂放時，從肩部至中指應當呈現出一條自然的垂線。小腹不宜凸出，臀部同時應當緊縮。關鍵在於：雙腳一前一後站成「丁字步」，即一隻腳的後跟緊靠在另一隻腳的內側；雙膝在緊攏的同時，兩腿的膝部前後略為重疊。這一站姿看上去較為優雅，故而也為不少人拍照時採用。

(2)櫃檯待客時

此時的站姿也被稱為「長時間站姿」和「障礙物擋身時的站姿」等等。當店員採用基本站姿時間較長後可以考慮採用此種站姿，它可以使店員稍做休息。採用這種站姿時，店員要注意以下技巧：

①手腳可以適當地放鬆，不必始終保持高度緊張的狀態。

②可以在以一條腿為重心的同時，將另外一條腿向外側稍稍伸出一些，使雙腳叉開。

③雙手可以指尖朝前輕輕地扶在身前的櫃檯上。

④雙膝要儘量地伸直，不要令其出現彎曲。

⑤肩和臂自由放鬆，在敞開胸懷的同時，一定要挺直脊背。

綜上所述，店員採用櫃檯待客的站姿時就可以算是完美無缺了。不可否認的是，採取此種站姿，既可以使店員不失儀態美，又可以緩

解疲勞。

(3)恭候顧客時

此時的站姿被稱為「等人的站姿」或「輕鬆的站姿」等。採用這種站姿，可以使店員感到比較輕鬆、舒適。此時店員的雙腳可以適度地叉開。兩腳可以相互交替放鬆，並且可以踮起一隻腳的腳尖，即允許在一隻腳完全著地的同時，抬起另外一隻腳的後跟，而以腳尖著地。雙腳可以分開一些。肩和臂應自然放鬆，手部不宜隨意擺動。上身應當挺直，並且目視前方。頭部不要晃動，下巴避免向前伸出。採用此種站立姿勢時，非常重要的一點是：叉開的雙腿不要反覆不停地換來換去，否則便會給人以浮躁不安、極不耐煩的印象。

這種站法雖然輕鬆、舒適，但它只適合店員在自己的工作崗位上無人接待或恭候顧客來臨時採用，而當顧客已來到自己面前或自己的下半身並無任何遮擋物，對方又是自己的重要客人時，最好避免採用。

(4)導購時

店員為顧客導購時，一般以標準站姿站立，女士雙手在腹前交叉，左手在前握住右手，兩手大拇指疊於掌心內側。男士雙手在後背交叉，右手在內，左手在外，兩手大拇指置於掌心處，雙腳分開與肩同寬。顧客光臨後可先向顧客行鞠躬禮並主動招呼顧客，同時配合手勢語和表情語使導購工作規範熱情，落落大方。

(5)社交時

店員有時也可能會參與一些社交活動，此時根據商業活動的需要，店員可能會面臨較長時間站立的情況，此時女店員可採用社交站姿。具體做法是：一隻腳略前，一隻腳略後，前腳的腳跟稍稍向後腳的腳背靠近，後腿的膝蓋向前腿的膝蓋靠近，膝部略微彎曲，身體重心在兩腿的 3/4 處，這樣既保持了挺胸收腹立腰提臀的良好姿態，又

顯得輕鬆、隨意、高雅、大方；而男店員則可用標準站姿站立。

3.店員的站姿禁忌

作為店員不僅要瞭解工作時正確的站立姿勢，還必須要明白自己應該避免的幾種站立姿勢，即所謂的不良站姿。它們要麼姿態不雅，要麼缺乏敬人之意。店員若不加以克服，往往會無意之中使本人形象受損。

店員在站立時應避免出現以下八種情況：

(1)身軀歪斜

古人曾提倡「站如松」，這就說明在人們站立之時，是以身軀直正為美，而不允許其歪歪斜斜。店員在站立之時，若是身軀出現明顯的歪斜，例如頭偏、肩斜、身歪、腿曲，或是膝部不直，不但會看上去東倒西歪，直接破壞人的線條美，而且還會讓人覺得該店員頹廢消沉、萎靡不振、自由放縱。

(2)彎腰駝背

它其實是一個人身軀歪斜的特殊表現形式。不僅會表現出腰部彎曲、背部弓起之外，大都還會同時伴有頸部彎縮、胸部凹陷、腹部挺出、臀部撅起等其他的不良體態。凡此種種，顯得一個人缺乏鍛鍊，健康不佳，無精打采，往往對個人形象的損害會更大。

(3)趴伏依靠

趴伏依靠會給人留下自由散漫、隨便偷懶的現象。所以要確保自己「站有站相」，就不能在站立之時趴伏依靠。在站立之際，隨隨便便地趴在一個地方，伏在某處左顧右盼，倚著牆壁、貨架而立，靠在桌櫃邊上，或者前趴後靠，都是被服務禮儀所嚴格禁止的。

(4)雙腿大叉

雙腿大叉的站姿顯得粗魯無禮。因此，無論是採取基本的站姿，

還是採取變化的站姿，店員均應切記：自己雙腿在站立時分開的幅度，在　般情況下以越小越好。在可能之時，雙腿併攏最好。即使是將其分開，通常也要注意不可使二者之間的距離比本人的肩部寬，切勿使其過度地「分裂」。店員只有注意到了這一點，才有可能使自己的站姿優雅好看。

(5) 腳位不當

可能很多人都認為只要上身挺直，雙手放好，腳怎麼放都無所謂，反正沒人注意。其實不然，腳位得當與否會影響一個人整體和站姿。

在正常的情況下，店員的雙腳在站立時呈現出「V」字式、丁字步、平行式等腳位，通常都是允許的。但是，若採用「人」字式、蹬踏式等腳位，則是不允許的。所謂「人」字式腳位，指的是站立時兩腳腳尖靠在一處，而腳後跟卻大幅度地分開來。有時，這一腳位又叫「內八字」。所謂蹬踏式，則是指站立時為圖舒服，在一隻腳站在地上的同時，將另外一隻腳踩在鞋幫上，踏在椅面上，蹬在窗台上、跨在桌面上，這兩種腳位，看上去都是不堪入目的。此外，歪著腳站立也不甚美觀，店員也要注意。

(6) 手位不當

與腳位不當一樣，店員的手位如果不當，同樣也會破壞站姿的整體效果。手位不當的表現主要有：一是將手放在衣服的口袋內，二是將雙手抱在胸前，三是將兩手抱在腦後，四是將雙肘支於某處，五是將兩手托住下巴，六是手持私人物品。

(7) 半坐半立

半坐半立的姿勢讓人看上去不倫不類，因此店員在自己的工作崗位上必須嚴守自己的崗位規範，該站就站，該坐就坐，而絕對不允許

在需要自己站立之時，為了貪圖安逸，而擅自採取半坐半立之姿。當一個人半坐半立時，既不像站，也不像坐，除了讓人覺得他有些過分隨便，讓別人不能容忍外，而沒有別的任何好處。

(8)渾身亂動

俗話說：「男抖窮，女抖賤。」人們很不欣賞站立時渾身亂動。雖然在站立時是允許略作體位變動的。不過從總體上講，站立是一種相對靜止的體態，因此不宜在站立時頻繁地變動體位，甚至渾身上下亂動不止。手臂揮來揮去，身軀扭來扭去，腿腳抖來抖去，都會使一個人的站姿變得十分難看。

二、敏捷優美的走路姿勢

一個人的精神面貌最能在走姿中體現出來，如歡樂、悲痛、懶散或進取、失意，等等。一般認為，大步走路且步子富有彈性者是一個自信、快樂、友善且富有雄心的人。喜歡支配別人的人，走路時傾向於腳向後踢高。性格衝動的人，易像鴨子一樣低頭走路。女性走路手臂擺得越高，越能顯示出精力充沛並且樂觀向上，這樣的女性往往會有成就。

作為店員，有的人可能行走的時間會超過他所有的其他行為，而且一般都是在大庭廣眾之下行走，要使自己的走姿優雅，鮮明地體現出自己的氣質和風度。

1.店員走姿的基本要求

商業服務禮儀對店員走姿的規定是既要優雅穩重，又要保持正確的節奏，從而顯示出行走的動態美。女士嫋娜輕盈，男士穩健灑脫是走姿的標準。具體的基本要求是：上體挺直，挺胸收腹，精神飽滿；

抬頭，下巴與地面平行，兩眼平視前方，面帶微笑；跨步均勻，兩腳之間的距離約為 隻腳到一隻半腳；步伐穩健，自然，有節奏感；走路時腰要用力並向上提；身體重心略向前；邁步時，腳尖可微微分開，但腳尖腳跟與前進方向應幾乎保持一條直線，避免「八字腳」的出現；女士邁步時兩腳內側踩一條直線，也叫「一字步」，男士走兩條平行線，也叫「穩重步」；手臂前後自然協調擺動，與身體的夾角一般在10～15 度。

2.店員行走時應注意的問題

為了達到行走時的基本要求，店員在行走時一般要注意下列六個影響走姿正確與否的關鍵問題。

(1)方向

店員行走時首先方向要明確，不能無目的地亂走。也就是說在走路時，必須要保持明確的行進方向，要盡可能地使自己猶如在一條直線之上行走。這樣往往會給人以穩重之感。具體的方法是，行走時應以腳尖正對著前方，形成一條虛擬的直線。每行進一步，腳跟部應當落在這條直線上。

(2)步幅

店員行走時的步幅一定要適度，即每走一步兩腳之間的距離不能太大。通俗地講，步幅就是人們在行進時腳步的大小。雖說步幅的大小往往會因人而異，但對廣大店員來講，在行進之時，最佳的步幅應為本人的一腳之長。即行進時所走的一步，應當與本人一隻腳的長度相近。即男子每步約 40 釐米，女子每步約 36 釐米。與此同時，步子的大小還應當大體保持一致。

(3)速度

此處的速度即指步速，它是人們行進時的具體速度。對店員來

講，步速一定要均勻，雖然有時步速可以有所變化，但在某一特定的場合，一般應當使其保持相對穩定，較為均勻，而不宜使之過快過慢，或者忽快忽慢，變化過大。一般認為，在正常情況下，店員在每分鐘之內走上 60～100 步左右都是比較正常的。

(4)重心

行走時重心是否放準尤為重要，因此店員在行走時切記要放準身體的重心。正確的做法應當是：走步之時，身體向前微傾，身體的重量要落在前腳掌上。在行進的整個過程之中，應注意使自己身體的重心隨著腳步的移動不斷地向前過渡，切勿讓身體的重心停留在自己的後腳上。

(5)協調

所謂協調是指店員在行走時要注意自己身體的協調。因為一般情況下，人們行進時身體的各部份間必須進行一定的配合。而在行進時如欲保持身體的和諧，就需要注意：走動時要以腳跟首先著地，膝蓋在腳部落地時應當伸直，腰部要成為重心移動的軸線，雙臂要在身體兩側一前一後自然擺動。在以上具體細節中若是出了一點差錯，行進的姿勢就有可能變得不夠優雅。

(6)造型

店員在行走時必須保持造型的優美，否則就會讓人彆扭乃至心生反感。因此，保持自己整體造型的優美，是店員不容輕視的一大問題。要使自己在進行之中保持優美的身體造型，就一定要做到昂首挺胸，步伐輕鬆而矯健。其中最為重要的是，行走時應面對前方，兩眼平視，挺胸收腹，直起腰、背，伸直腿部，使自己的全身從正面看上去猶如一條直線一般。

總而言之，店員在行走時如能注意上述六個問題，那麼其行走姿

勢就應該可以算得上穩重和優美了。當然由於男女店員狀況有所不同，在實際行走時，其具體姿勢也會有所區別，表現出不同的風格。即男性店員在行進時速度稍快，腳步稍大，步伐奔放有力，充分展示著男性的陽剛之美。而女性店員在行進時，則時常速度較慢，腳步較小，步伐輕快飄逸，得體地表現了女性的陰柔之美。這一區別，既是一種常態，也早已為人們所認可。

3.店員的行走禁忌

人們為了使自己的走姿優雅、端莊，就總結了一些不當的走姿以讓人有所警惕，從而不至於重蹈覆轍。作為店員更應該自覺地將其列為自己走路的禁忌。具體來說，行走時的禁忌有八種，店員務要對此有清醒的認識。

(1)橫衝直撞

人們形象地把這種走姿稱為「螃蟹走路」。確實，有的人在行進之時，不懂得要盡可能地避免在人群之中穿行，省得既有礙於人，又有礙於己，卻偏偏專揀人多的地方行走，甚至在人群之中亂衝亂闖，直接碰撞到他人的身體。這是一種極其失禮的做法。店員如果這樣做，則更是不應該的。要防止出現這種差錯，店員就一定要記牢行進之時一定要目中有人，盡量減少在人群之中穿行，以免讓人對你「橫眉怒目」。

(2)悍然搶行

悍然搶行是一種極不禮貌的表現。社會禮儀道德要求人們在行進之時，要注意方便和照顧其他的人。在人多路窄之處，通過時務必要講究「先來後到」。必要的時候，為了表示自己的良好教養和對別人的尊重，還應當對其他人「禮讓三分」，讓道於人。當對方屬於老人、兒童、婦女、病人、殘疾人、外國友人以及本單位的服務對象時，則

69

更需要這麼做。若是在行進時爭先恐後，不講先後次序，甚至公然搶道而行，必將為他人所恥笑。

⑶阻擋道路

俗話說「好狗不擋道」，這雖然是一句罵人的話，但從另一方面也說明了阻擋別人道路是多麼的讓人討厭。所以店員在大庭廣眾之前行進時，一定要顧及他人的存在。為此，不僅要選擇適當的行進路線，與同時行進的其他人員保持一定的距離，而且還要保持一定的行進速度。不然的話，就很有可能阻擋他人行進的道路。在道路狹窄之處，悠然自得地緩步而行，甚至走走停停，或者多人並排而行，顯然都是不適當的。店員還須切記，一旦發現自己阻擋了他人的道路，務必要閃身讓開，請對方先行。

⑷不守秩序

遵守交通秩序是每一個公民應盡的社會責任和義務，若不然就是不講社會公德。因此，店員不論是在自己的工作單位，還是在社會上，行進之時都一定要高度自覺地嚴守有關的交通秩序。在道路上行進時，需要靠右側行走。有人行道的話，一定要走在人行道上。橫跨馬路時，必須要走人行橫道、地下通道或者過街天橋，而且要嚴守「紅燈停，綠燈行」的規定。一切帶有禁止通行標誌的道路或其他地方，均不得擅自通過。這些有關交通秩序的主要規定，店員皆須牢記在心。

⑸蹦蹦跳跳

蹦蹦跳跳除了讓人覺得你不成熟、有失穩重以外，不會給人留下任何好印象。尤其是在他人注目的情況下，店員務必要注意保持自己的風度，而不宜使自己的情緒過分表面化。有的人一旦激動起來，走路便變成了上竄下跳，蹦來蹦去，甚至連蹦帶跳。這種情況出現在少年兒童身上不算是過分，可是工作之中的店員如果如此這般，便未必

算是正常了。

(6) 奔來跑去

有的店員對此可能會說「我奔來跑去是為了節省時間呀，這有什麼不對」，是的，這的確是能節省時間，但孰不知你當著服務對象的面，突如其來地狂奔而去的做法，通常會令其他人不明真相，猜測不已，甚至還有可能使其他人產生過度的緊張情緒，或者由此而以訛傳訛，引發出一場騷亂。所以，廣大店員一定要牢記，不到萬不得已的時候，盡可能地不要在服務對象面前奔來跑去。就算是有急事要辦，你也只可以在行進之時努力加快自己的步頻，而不可以跑動。

(7) 製造噪音

噪音會令人心煩意亂、心神不定，因此十分令人厭煩。店員要想使自己走路不影響他人，不引起他人反感的話就必須使自己走路小心翼翼，盡量悄無聲息。要做到這一點，有三點應當特別注意：一是走路時要輕手輕腳，不要在落腳時過分用勁，走得「咚咚咚」直響。二是上班時不要穿帶有金屬鞋跟或釘有金屬鞋掌的鞋子，以防它們在接觸地面時頻頻發出「噔噔噔」的響聲。三是上班時所穿的鞋子一定要合腳，否則走動時它會踢裏踏拉地發出令人厭煩的噪音。

(8) 步態不雅

雖然一個人的走路姿勢很難改變，但是作為店員，你如果步態不雅，有礙觀瞻，往往會使服務對象在內心之中對你打低「印象分」。店員在行進之中應當有意識地避免的不雅步態主要有「八字步」或「鴨子步」，步履蹣跚，腿伸不直，腳尖首先著地，等等。它們要麼使行進者顯得老態龍鍾、疲乏至極，要麼給人以囂張放肆、矯揉造作之感，無論怎麼說都無益於人。所以店員在日常的走路中，要有意識地訓練自己，爭取把自己的不良步態矯正過來，努力使自己姿態優雅大方、

風度翩翩。

　　總之，雖然走路人人都會，但真正走好、走美的人似乎不多，作為經常在大庭廣眾之下走路的店員更要注意到這一點，使自己能「走」出不同凡響來。

三、端莊嫻雅的坐姿

　　店員為顧客服務時，可能會很少有機會坐，但在參與某些商業活動中，店員也不可避免地要遇到坐的姿勢問題。畢竟作為人際交往過程中最重要的人體姿勢，它佔了人一生時間的 1/3，而且一個人的坐姿也傳遞出豐富的信息。在坐的過程中，人的性格特點及心理活動的狀態也會自然地流露出來，例如，坐時翹起一條腿的人顯示出相當的自信；坐時雙腿併攏，雙腳平放的人則顯示出坦率、開放或誠實；入坐後就不斷抓頭髮的人，性子較急，喜歡速戰速決，易見異思遷；而入坐後不斷摸下巴的人，則流露出了他的煩躁心境。素有「禮儀之邦」美稱的中華民族，一向注重禮貌的修養和行為，而良好的坐姿是基本環節。

　　在商業活動中，店員應掌握的坐姿有那些呢？一般來講有兩種，即基本坐姿和沙發坐姿。

　　基本坐姿的具體要求是，首先應從椅子的側面進入坐位，款款入座，動作輕柔、緩慢，優雅穩重。入坐時應採用背向椅子的方向，右腿稍向後撤，使腿肚貼著椅子邊；上體正直，輕穩坐下。女士入坐時，應整理一下裙邊，這樣既可避免因坐下時間過長引起裙邊起皺紋的尷尬現象，又顯得端莊嫻雅。入坐後，雙腳併齊，手自然放在雙膝上、椅子扶手上或輕放在桌面上；坐穩後，人體重心向下，腰挺直，上身

正直，雙膝併攏微微分開。女士入坐後，雙腳腳跟都要靠近。在會談過程中，身體應適當向談話者傾斜，兩眼注視談話者，同時兼顧左右兩側的其他人員。

如果會談雙方需在沙發上就坐時，那麼可採用沙發坐姿，其要求是：入坐後挺胸、立腰，兩腳垂地後微內收，兩膝和兩腳併攏，臀部坐在沙發的 1/3 或 2/3 處，背部不要靠沙發，兩手自然彎曲，手扶膝部或交叉放於大腿中前部。

至於坐其他的椅子，放置腳的方式可以有如下六種：正式；前後步（兩腳一前一後）；小八字步；大八字步；掖步（小腿分開，一膝頂於另一條大腿前部）；索步（大腿微分開，兩小腿交叉，一腳斜於另一腳上）。

和站姿、走姿一樣，店員在就坐時也應有所忌諱。一般在坐時應避免的現象有：晃腳尖，腳不停地敲打地面，雙膝分得很開，腿伸得很遠，起坐過猛，坐下後上身不直，左右搖晃，雙腿藏在椅子下，坐下後擺頭撓耳或用手不停地撥亂眼前的物品，用手抓摸脖子、鼻子、頭髮等。這些坐姿可能給人留下漫不經心、狂妄自大、缺乏涵養、耐心不夠、心理素質差和衛生習慣差等種種不良印象，所以我們一定要慎重對待。

第三節　店員的服務禮儀

在現代社會，人們越來越注重交往中的禮儀和禮節，它越來越成為衡量個人是否受到良好教育的標準。雖然只憑禮儀不可能就一定帶給你銷售成功，但是如果你不講究禮儀，那麼一定不會銷售成功。因

為商品銷售中的很大一部份靠的是取悅對方。而要取悅於對方的基礎是懂禮節和禮儀，所以店員一定要注意修好禮儀這門必修課。

一、店員的接待禮儀

店員服務禮儀中最基本的一項內容就是接待禮儀。在接待顧客時，店員一定要切記以親切的目光和得體的問候迎送顧客。無論是櫃檯店員，還是超市店員，只要看到客人來，眼睛一定要放亮，並注意眼、耳、口並用的禮貌。面帶微笑，使進來的客人感覺親切且受到歡迎。當客人進來時，店員要立刻起身迎接，表示尊重客人。要親切地說「歡迎光臨」。此外，最重要的是用心，千萬不能心口不一。例如貴客來臨仍坐在位子上，或坐著向客人說「歡迎光臨」等，都是沒有誠意的行為。

在引導顧客時，要注意側身讓顧客先行，不可與顧客搶道或跑步從後面超越顧客，並要能根據需要將客人引導到要去的地方。在引導客人時，一般身體都不能正對客人，應保持 130 度左右的角度走在客人左前方，並隨時注意客人的動態，如走路的速度，是否提問等。在轉角處應稍停並以手勢示意方向，再行引導。對客人提出的問題應耐心、細緻地做出解答，切不可在賓客後方以聲音指示方向及路線，因為有的顧客還不熟悉環境。走路速度也不要太慢而讓客人無所適從，必須配合客人的腳步，將賓客引導至正確的位置。

此外，作為迎賓禮儀中的一項重要內容——引導顧客乘車時也要注意客人乘車次序的安排。在轎車中，尊位在後排右邊。上車時應先開右側的門，請主人及地位高者先上；地位低者、陪同者從左側門後上。和女士一起應遵循「女士優先」的原則。如果不是領導或主人親

自駕車，就不要把尊者引入司機旁的位置就座。

店員在接待顧客並給予他們提供相應的服務時，還要注意到以下幾項內容：

1.說話口齒清晰、音量適中，最好用標準普通話，但若客人講方言（如閩南話、客家話），在可能的範圍內應配合客人的方便，以增進相互溝通的效果。

2.要有先來後到的次序觀念。先來的客人應先服務，對晚到的客人應親切有禮地請他稍候片刻，不能置之不理，或本末倒置地先招呼後來的客人，而怠慢先來的客人。

3.在營業場所十分忙碌、人手又不夠的情況下，記住當接待等候多時的顧客時，應先向對方道歉，表示招待不週懇請諒解，不宜氣急敗壞地敷衍了事。

4.親切地招待客人到店內參觀，並讓他隨意地選擇，最好不要刻意地左右顧客的意向，或在一旁嘮叨不停。應有禮貌地告訴顧客：「若有需要服務的地方，請叫我一聲。」

5.當店員為顧客拿商品時，也要注意禮儀。若在低處拿商品，切忌出現彎上身、翹臀部等不雅動作，此時可選擇蹲下或屈膝的動作來完成。而要拿高處的物品自己又伸手不可及時，可考慮借助別的物品來取，但事前應有所準備，不能讓顧客感到你慌張失措等，並記住拿取物品一定要輕拿輕放、準確迅速。當顧客選擇好滿意的物品進行交易時要親切熱情，給顧客找零鈔要動作輕巧，把要找的錢物等親手輕放到顧客手中，而不能亂擲亂丟。

6.此外，即使客人不買任何東西，店員也要保持一貫親切、熱誠的態度感謝他來參觀，這樣才能留給對方良好的印象。也許下次客人有需要時，就會先想到你並且再度光臨，這就是「生意做一輩子」的

道理！而且對陪伴顧客的朋友，也要記得對他一起招呼，切不可顧此失彼或厚此薄彼，或許他們也是你潛在的買主呢！

7.當顧客有疑問時，店員應以專業、愉悅的態度為客人解答，不宜有不耐煩的表情或者一問三不知。細心的店員可適時觀察出客人的心態及需要，提供好意見，且能以有效率的方式說明商品特徵、內容、成分及用途，以幫助顧客選擇。

如果顧客不滿意而對你有抱怨時，你一定要主動傾聽他們的意見，虛心地聽取他們的抱怨和建議，以瞭解他們真正需要什麼，而不能隨意打斷他們。因為那樣除了使他們的抱怨升級外並不能給你帶來任何好處。可用自己的語言再重覆一遍你聽到的要求，這再一次讓顧客覺得他的問題已被注意，而且使他感到你會幫助他解決困難。

二、店員的眼神禮儀

眼睛一向被人稱為「心靈之窗」，它既會說話，也會笑，它能夠最明顯、最自然、最準確地展示出人內心的真實心理活動，是整個面部表情的核心。對店員來講，如何才能利用眼神與顧客進行友好地溝通和交流呢？這有一個時間、角度和部位的問題。

1.時間

在人際交往和接待服務工作中，為了表示對對方的友好與尊重，注視顧客和交往對象的時間應佔全部時間的 1/3 左右。

2.角度

在與人交往時，注視他人一般兩眼平視對方。這種角度能給人一種自然、大方的感覺。

3.部位

是指人與人在交往中，注視他人的部位不同，給人的感覺亦會不同。在接待服務工作崗位中，店員若與服務對象之間的距離在 1 米左右時，店員的目光應注視服務對象的鼻子以下下額以上的三角區；若雙方的距離在 1 米以外 3 米以內，店員的目光應注視服務對象的胸部以上。

此外，店員在工作中使用眼神時還要注意眼皮的開合。眼皮的開合頻率既不能太快也不能太慢，其速度頻率一般為每分鐘 5～8 次，若過快會給人以躁動不安、急躁的感覺；過慢會給人一種木訥、無精神、輕蔑的感覺。要控制眼球的轉動，太快和太慢都不會給服務對象良好的感覺。同時，要避免使用斜眼、白眼等不禮貌的眼神。

店員在注視顧客時最好是用正視或仰視的眼神，不能用掃視、盯視、眯視、睨視或無視的眼光和顧客交流，下面對各種常見眼神逐一說明。

⑴正視：在普通的場合中與身份、地位大致相當的交往對象交流時，還可以採用平視的方法，即視線呈水平狀態。

⑵仰視：在一些較隆重的公務活動和商務活動中，主動居於低處，抬眼向上注視他人，表示尊重、敬畏之意。這種眼神適用於面對尊長對象之時。

需禁忌的眼神則是：

⑶掃視：視線移來滑去，上下左右反覆打量對方，它表示好奇和想窺視對方的秘密。

⑷盯視：即目不轉睛，長時間地注視對方某一部位。它表示失態或挑釁、不懷好意，特別是在服務工作崗位和與異性交往時不宜使用。

⑸眯視：即用眯著的眼睛注視對方，它表示驚奇，看不清楚。在

77

服務工作崗位中會直接影響店員的面部表情，故不能採用。

(6)睨視：即斜著眼看對方。它表示懷疑、輕視。在服務工作崗位中尤當忌用。

(7)無視：即在人際交往中，不注視對方，眼望別處或閉上雙眼。它表示心不在焉，反感、心虛或膽怯，無聊或沒興趣。它給人的感覺往往是不友好，甚至會被理解為厭煩。

三、店員的手勢禮儀

手勢的運用在店員的工作中極為頻繁，店員的很多工作都需要用雙手去完成。從這個意義上說，手勢也是店員傳達情感信息的一種重要形式。如果手勢能運用得當，那麼對店員的銷售業績也有很大益處，而且還會給顧客一種含蓄、高雅的良好印象。

店員要使自己能自然、大方和得體地運用手勢，符合運用的禮儀，首先要明白手勢的類型，然後才能正確地理解和運用。

手勢分類一般有兩種，即象徵性手勢和說明性手勢。

1. 象徵性手勢

象徵性手勢是一種泛指，也稱為規範手勢，是一種肢體的表現形式，所指示的對象既可以是物體和方向，也可以是人，主要包括以下幾類：

第一類是情感手勢，這是用來表達情感態度，使其形象化、具體化的手勢。如用手放在心口的方式表達關愛和熱心服務等意思。

第二類是指示手勢，這是在商業服務中常用的手勢，它主要用手對具體對象的方位、高低、尺寸等加以指向的手勢。

第三類是形象手勢，用來給具體的東西一種比量，以說明其形

狀、大小、樣式的手勢。

第四類是象徵手勢，是為了把某種抽象事物概括表達得更清晰而採用的手勢。

店員在接待顧客時，所運用的手勢一般為象徵性手勢。這種手勢的具體做法是：五指伸直併攏，手臂與手腕保持一個平面，手臂彎曲成 140° 左右，掌心斜向上方，手掌與地面成 45° 角。同時，目視來賓，面帶微笑，充分體現出友善與尊敬。規範手勢按手位的高低又可以分高位手勢、中位手勢、低位手勢。

高位手勢的高度一般在肩部以上頭部以下。這主要運用到給顧客指示物品或貨物方位情況時。此時，導購員或商業店員可將顧客帶到適當的地段，將手抬到與肩同高的位置，前臂伸直，用手掌指向顧客要尋找的位置並配以簡單的話語加以說明。待顧客清楚後，可把手臂放下，然後輕輕退後。

中位手勢其高度一般在腰部與肩部之間。例如，需要進行業務洽談或需要引導客人進入室內，可站在來賓側方，左手下垂，右手從腹前抬起，向右橫擺到身體的右前方，微笑注視對方並說「請進」，待賓客進去後再放下手臂。

低位手勢其高度則一般在腰部以下。例如，在商業洽談過程中或商業服務的演示場合，店員需請來賓入坐時，應先用雙手扶椅背將椅子抽出，然後一隻手向前抬起，從下向上擺動到距身體 45° 處，示意請來賓入坐。

無論採用那種象徵性手勢，店員都要切忌使自己的手勢出現以下幾種不妥的現象：

(1)手指彎曲，不伸直併攏，給人一種不雅的印象。

(2)手臂僵硬、缺乏弧度，讓人感覺生硬、機械、呆板。

⑶手的動作速度過快、缺乏過渡，不至於引起別人注意而且顯得你內心緊張失措。

⑷手勢不與面部表情、眼神等相協調，顯得刻板、造作。

⑸用手指點對方或用亂點下頜來代替手勢，是沒有禮貌缺少修養的表現。

2.說明性手勢

說明性手勢即指手語，指用雙手手臂或五指做出不同的形狀代表不同的意思或想法。不同地區、民族習俗不同，手勢不同，代表的含義也不相同，所以店員必須瞭解這方面的知識，以避免在服務工作崗位中發生尷尬或犯別人忌諱的事情出現。

一般認為，掌心向上的手勢有一種誠懇、尊重他人的意義。掌心向下的手勢意味著不夠坦率、缺乏誠意等；攥緊手掌暗示進攻和自衛，以表示憤怒；伸出手指指來指去是要引起他人的注意，含有教訓人的意思。因此，在工作中，需運用手勢表達意思的時候，應手指自然併攏，掌心斜向上，以肘關節為支點指示目標。

第四節　店員的情緒禮儀

一、踢貓效應是店員壞情緒傳染過程

店員遇到了不順心的事，難免心情也會不愉快，這時再強求他對顧客滿臉微笑，似乎是太不盡情理。可是服務工作的特殊性，又決定了店員不能把自己的情緒發洩在顧客身上。所以店員必須學會分解和淡化煩惱與不快，時時刻刻保持一種輕鬆的情緒，讓歡樂永遠伴隨自

己,把歡樂傳遞給顧客。故事可能會給一點啟示:

　　一個男人因為工作失誤被經理訓斥了,他很鬱悶。回家之後餘怒未消,看到家裏亂七八糟,很顯然下班晚歸的妻子沒有把家務都做好,他把妻子臭罵一頓。妻子呢也很生氣:自己也忙了一天了,憑什麼還要被罵?正好看到兒子剛做完的作業上有一些錯誤,就把兒子抓過來罵了一番。小男孩心裏也不痛快,這時他最喜歡的小貓跑過來跟他親熱,結果他一腳把小貓給踢飛了⋯⋯這就是心理學上著名的「踢貓效應」,是一種典型的壞情緒傳染過程。

　　店員遇到了不順心的事,難免心情也會不愉快,可是服務工作的特殊性,又決定了店員不能把自己的情緒發洩在顧客身上。店員可採取下列方式來改善情緒:

(1)給自己一點改變

　　店員壓力大,工作繁忙,因此往往覺得沉悶、沒有生機、提不起精神。如果適時地對穩定的習慣做些小的變動,就會有一種新鮮感。例如,對辦公室或居室進行一些小的調整,改變一下裝飾,試著交個新朋友,投入一種新的愛好等。

(2)色彩給自己好心情

　　為了保持自己的良好情緒,應積極去尋找、接觸那些溫暖、柔和而又富有活力的顏色,如綠色、粉紅色、淺蘭色等。

(3)走進大自然

　　輪休的日子不要總窩在家裏,去大自然中放鬆一下吧。登上高山,會頓感心胸開闊。放眼大海,會有超脫之感。走進森林,就會覺得一切都那麼清新。這種美好的感覺往往都是良好情緒的誘導劑。

(4)多曬曬陽光

在陰雨天氣人往往出現情緒低落的現象，這是人受陽光折射太少而引起的，所以應該多曬曬太陽。

(5)學會轉移怒氣

當火氣上湧時，有意識地轉移話題或做點別的事情來分散注意力，便可使情緒得到緩解。在餘怒未消時，可以用看電影、聽音樂、下棋、散步等有意義的輕鬆活動，使緊張情緒鬆馳下來。

(6)學會自我安慰

當一個追求某項事情而得不到時，為了減少內心的失望，常為失敗找一個冠冕堂皇的理由，用以安慰自己，就像狐狸吃不到葡萄就說葡萄酸的童話一樣，因此，稱作「酸葡萄心理」。

(7)意識調節法

運用對人生、理想、事業等目標的追求和道德法律等方面的知識，提醒自己為了實現大目標和總任務，不要被繁瑣之事所干擾。

(8)語言節制法

在情緒激動時，自己默誦或輕聲警告「冷靜些」、「不能發火」、「注意自己的身分和影響」等詞句，抑制自己的情緒；也可以針對自己的弱點，預先寫上「制怒」、「鎮定」等條幅置於案頭上或掛在牆上。

其實能夠給人最大精神快樂的就是工作。正是在工作中，人的心智慧力得到了積極實現。這種如同空氣一樣充塞在身邊的歡樂才是最重要的。所以，無論你遇到什麼事情，都要珍視自己的工作，不要把消極情緒帶到工作中。只要你能以良好的心態全身心地投入到工作中，你就會發現，一切確實很美好。

二、不要帶著情緒去工作

作為一名店員，我們的工作對象就是來門店消費的顧客，他們走入門店時渴求的是良好的服務、熱情的微笑，而不是兜頭的一盆冷水，甚至白眼相加。將工作與個人情緒分開，這是每個店員都必不可少的職業素養。

琪琪是一家藥店的導購，在店舖裏工作很長時間了。有一天她跟丈夫吵架至半夜，然後兩眼通紅地上班去了，儘管同事們都安慰了她，但她還是覺得很生氣。在給顧客拿藥時，為了一點小事就跟顧客吵了起來。

店長很生氣，扣了琪琪 2 分，還罰款 50 元。琪琪這下子更受不了：今天也太倒楣了，每個人都來找我麻煩！於是又和店長吵了幾句。這一天琪琪就紅腫著眼睛縮在角落裏，沒有賣成東西，和店長的關係也鬧的很僵……

在這案例，琪琪因為在家裏受了氣，便把這種壞情緒帶到了工作中，結果遷怒顧客，直接影響了自己的正常工作。

店員做的又是與人打交道的工作，一旦把情緒帶到工作中，後果就會不堪設想。

不難想像，一個人如果在這樣的一種精神狀態下工作，犯錯誤的概率肯定會比心態平和的人要高。而工作中的屢屢犯錯，又會導致後邊更多新的不順。

由於帶著情緒工作，使得所抱怨的倒楣事情——實現了。於是，便又開始帶著情緒去工作，開始新一輪的抱怨。如此，便背著「情緒包袱」進入了一個惡性循環的怪圈。

到最後，連自己也不明白：我的運氣為什麼總是這樣差？我為什麼總這樣倒楣？那些能力不如我的人為什麼幹得比我還好呢？研究表明上班時的良好情緒會外溢使員工在工作當天保持良好的情緒，同樣上班時的負面情緒也會外溢使員工在工作當天陷入負面情緒中，這種上班時的情緒甚至還會影響到與顧客互動等和工作相關的各種活動。

人的不滿情緒和糟糕的心情是會不斷傳遞的，我們經常會因為旁人的怒氣成為壞情緒的傳染對象，也會因為自己控制的不得當而將壞情緒繼續傳遞下去，因此，常常會充當踢貓的角色或者是被踢的那隻貓。

生活中，誰能沒有煩惱、壓抑、失落甚至痛苦呢？但是，你不能將這些不良情緒轉嫁給你的顧客。店員必須要學會如何有效地調整和控制自己的情緒。當你以一種豁達、樂觀的心情工作時，眼前就會呈現出一片光明；反之，當你將思維囿於煩悶的樊籠裏時，倒楣的事情就會接踵而來，直至形成一個惡性循環。

既然選擇了做一名店員，那麼你的職責就是要微笑著面對顧客，不管你在那兒受了多大委屈，都不應該把這種壞情緒帶給顧客。如果覺得你某一天實在心情不好，也可以休息一下，調整一下自己的情緒。為什麼要把自己的不好心情傳染給別人呢？有時候你的一個微笑會帶給大家一天的好心情，而你的一個壞情緒，也會破壞大家的好心情！

第 4 章

店員必備的口才技巧

　　良好的語言表達能力和與顧客溝通的技巧，是店員必須學會的基礎功課，店員不僅要會說，更要會聽。掌握並熟練地運用傾聽技巧，在與顧客的溝通中，會取得事半功倍的效果。

第一節　聲音要有感染力

　　嗓音是決定一個人說話效果的關鍵，善於運用嗓音的店員，說話顯得精力充沛，富有吸引力。悅耳的嗓音就像音樂一樣會給顧客帶來愉快的情緒。那麼，優美的聲音有沒有標準呢？回答是肯定的。

一、說話聲音要講究

1. 語調

　　語調能反映出一個人說話時的內心世界，表露其情感和態度。當你生氣、驚愕、懷疑、激動時，你表現出的語調也一定不自然。從你

的語調中，人們可以感到你是一個令人信服、幽默、可親可近的人，還是一個呆板保守、具有挑釁性、好阿諛奉承或陰險狡猾的人。你的語調同樣也能反映出你是一個優柔寡斷、自卑、充滿敵意的人，還是一個誠實、自信、坦率以及尊重他人的人。

不管談論什麼樣的話題，都應保持說話的語調與所談及的內容相互配合，並且能恰當地表明你對某一話題的態度。

2.節奏

與口才出色的人談話簡直是一種藝術的享受。他們說話時，抑揚頓挫，引人入勝，就像一個出色的鋼琴家，將語言的節奏當作鋼琴的琴鍵而隨意指揮，彈奏出一曲動人心弦的「高山流水」。他們對語言節奏的掌握可謂隨心所欲。語言的節奏，大致可分為高亢型、低沉型、凝重型、輕快型、緊張型、舒緩型，若能有效地掌握，便能起到打動人心的效果。

3.發音

發音是說話的關鍵，我們所說出的每一個詞、每一句話都是由一個個最基本的語音單位組成，然後再加上適當的重音和語調。正確恰當的發音，將有助於你準確地表達自己，使你心想事成。只有清晰地發出每一個音節，才能清楚明白地表達自己，才能自信地面對你的談話對手，達到你想擁有的談話效果。

4.音量

說話應適當控制音量。當你內心緊張時往往發出的聲音又尖又高；當你意志消沉時，說話往往會讓人覺得有氣無力。其實，語言的威懾力和影響力與聲音的高低是兩回事。大喊大叫不一定能說服和壓制他人。聲音過大只能迫使他人不願聽你講話而討厭你說話的聲音。這與音調一樣，我們每個人說話的聲音大小也有其範圍，你可以試著

發出各種音量大小不同的聲音，並仔細聽聽，找到一種最為合適的聲音。

5. 情感

聲音是感情的外部體現，聲音與感情之間有一定的對應關係。當人心情愉快時，聲音是明朗的，而抑鬱不歡時，聲音就較為黯淡。若沒有這種對應關係，就不可能用聲音傳遞情感信息，也就無法引起對方情感上的共鳴。如果失去了感情的運動變化，聲音便沒有內在依據，聲音也就失去了活力，成了空洞僵滯的東西。感情的變化豐富細緻，因而與它相適應的聲音的變化也必須是生動豐富的。響亮而生機勃勃的聲音給人以充滿活力與生命力之感。當你向某人傳遞信息、勸說他人時，這一點有著重大的影響力。因此，店員在與顧客交流時，你的發音、音調、音量、情緒、表情同你說話的內容一樣，會極大地帶動和感染你的顧客。

二、聲音要具有感染力

對於店員來說，聲音是否具有較強的感染力，會直接對自己在顧客心目中的形象產生影響。不同的人，音質各不相同，那麼店員在聲音上要注意那些地方呢？

1. 吐字要清晰

清晰的表達能夠讓客戶聽清楚你說的是什麼，這對店員來說是一項最基本的要求。作為店員，發音一定要標準，吐字一定要清晰。語言表達是否含糊不清，普通話的流利和標準程度，都會直接影響到聲音的感染力。

2.語言要流暢

除了吐字清晰以外，還要注意語言的流暢性。語言是思維的外在表現，一個說話很流暢的人，通常被人認為是個思維敏捷的人，或者可以反過來，正因為他的思維敏捷所以他才能如此流暢。而且，語言流暢也可以很好地增加自己的自信心，同時也能獲得別人的好感與信任，讓人相信你的能力。

3.聲音要洪亮

說話儘量語音洪亮。語音洪亮就可以讓顧客充分感染你的情緒，增加對你個人的信任，並能夠對你產生一種強烈的興趣。也能產生一種想聽下去的願望。

4.語速要適中

講話的語速也會影響到聲音的感染力。如果說話的語速太快，顧客可能還沒有聽明白，你就已經說完了，反之，如果你說得太慢，而對方又是急性子，那顧客也會受不了。因此，最恰當的做法應該是根據客戶具體情況，來調節自己的語言節奏，以做到恰到好處地停頓與平穩的語速，從而取得良好的談話效果。

三、掌握好說話的節奏

要增強聲音的感染力，一個很重要的影響因素就是說話的節奏。節奏一方面是指講話的語速，另一方面也是指店員對顧客所講問題的反應速度。在日常生活中，大多數人從來不考慮說話的節奏，事實上，店員通過改變說話節奏來避免單調乏味對促進與顧客的交流是相當重要的。

如何才能掌握說話的節奏，並提高說話的流利水準呢？

1. 應熟悉講話的主題

當我們的思考不發生任何遲疑的情況時，要說的話也自動地到了嘴邊。充分的準備可以增加流利程度，因為這能增加自己的自信心，從而更能堅信自己要講的東西。另外，熟悉主題會使講話者有更大激情，這種激情會使講話者的整個身心都投入到其演說的境界之中。這樣，流利也就不成問題了。

2. 發音要準確

發音含糊不清是說話猶豫的一種表現。如果講話者連續幾個地方都有遲疑不決的現象，就會使人感到他其實並不知自己在講什麼，而是在頭腦中力圖發現那兒出了毛病，結果說話更加不流利。因此，如果我們有意識地在流利方面做出一些努力，會收到很好的成效；反之，如果我們在演說的其他方面下工夫，而認為到時候自然會流利起來，那結果將只有失望。

3. 注意講話的速度

在語言交流中，講話的快慢將直接影響向顧客傳遞信息的效果。如果講話速度太快，尤其是所介紹的內容對顧客來說又是比較陌生時，那麼顧客可能還沒有聽明白你在說什麼，你說的話卻已經結束了，顧客聽不太清楚，自然就會失去興趣。這肯定也會影響到成交的效果。

4. 注意對顧客的應對速度

對顧客講話的應對速度也很重要。店員如果對顧客的話語反應太快，特別在知道顧客下面要說什麼時的情況下而打斷了客戶，那麼就是一種不關心、不尊重顧客的表現，往往會被顧客誤解為沒有耐心傾聽自己的談話。反之，對顧客話語的反應如果太慢，則會被顧客認為店員根本就沒有認真地聽他的講話。當顧客講述完觀點之後，有意讓

你對剛才的陳述發表看法時，這才是你說話的好時機，此時要注意讓自己的話語保持一個適當的速度，適中的語速是大多數人所樂意接受的。回應對方的講話時，偶爾的停頓無關緊要，但不要在停頓時加上「嗯」或緊張不安地清一下嗓子。

5.迅速地講話也能提高流利程度

當你迅速講話時，你的心理便能更快地發揮功能，就像閱讀一樣，如果你能集中力量快速閱讀，那麼，在你只用於讀一本書的時間內，你就能讀兩本書，並且獲得更透徹的理解。掌握好說話的節奏，使說話就像琴弦一樣有張力，像流水一樣緩緩東流。對此，我們應去積極地學習。

第二節　會說話還要會傾聽

對於店員，不僅要會說，更要會聽。因為，高品質的傾聽能力是實現談話目的的首要條件，掌握並熟練地運用傾聽技巧，在與顧客的溝通中肯定會取得事半功倍的效果。

店員在傾聽顧客談話時，最常出現的弱點是他只擺出傾聽顧客談話的樣子。內心裏迫不及待地等待機會，想要講他自己的話，完全將「傾聽」這個重要的武器捨棄不用。事實上，在溝通過程中，80%是傾聽，其餘 20%是說話。在溝通的過程中，除了說話技巧的掌握外，傾聽是掌握溝通狀況最有利的方式。

一、傾聽的場合

積極傾聽是一種非常好的回應方式，既能鼓勵顧客繼續說下去，又能保證你理解顧客所說的內容。

積極傾聽在兩種情況下尤其有用：

1. 當你不確定顧客的意思時。

2. 當顧客給予的是重要的或者感情上的信息時。顧客會通過一些方式向你暗示，他們所說的事情是非常重要的：

⑴直接指出要特別注意。例如，「你必須明白……」

⑵同一個信息重覆幾遍。

⑶在開始或結尾進行總結。

⑷停頓或在說話前尋求目光的交流。

⑸在一句話之前加語氣詞「啊」。

在使用積極傾聽這一方法時，根據自己認為容易誤解的地方，以及認為最重要的信息，集中精力去揣摩顧客想要表達的感情和內容。要得出自己的結論，你需要默問自己：

「他心裏是什麼樣的感受？」

「她想要傳達什麼樣的信息？」

在你試探性地向顧客做出回應時，你通常會用「你」這個字開頭，而且在結尾會加上「是嗎」，要求對方給出直接的回答。這樣的話，如果你的結論是正確的，你會得到證實；如果你的結論是錯誤的，顧客的回應通常會直接解釋清楚存在的誤解。

二、傾聽的技巧

千萬不要忘記,那個正在與你談話的顧客,只會對他自己、他的需要、他的問題最感興趣,這要比對你及你的問題勝過上百倍。

你能否成為優秀的店員,最關鍵的還是看在實踐中的表現。這才真正關係到我們成功與否,所以我們一定要注意以下幾個方面的問題。

1.全神貫注地去傾聽

這裏所指的傾聽,不僅僅是用耳朵來聽,也包括要用眼睛去觀察對方的表情與動作,用心去為對方的話語做設身處地的考慮,用腦去研究對方話語背後的動機,就是在做到「耳到、眼到、心到、腦到」的前提下,綜合地去「傾聽」。

傾聽顧客的講話要集中注意力,細心聆聽對方所講的每個字,注意對方的措辭及表達方式,注意對方的語氣、語調、面部表情、眼神動作等,所有這些都能為你提供線索,去發現對方一言一行背後所隱含的內容。

2.拋棄先入為主的觀念

只有拋棄那些先入為主的觀念,才能去耐心地傾聽顧客的講話,才能正確理解對方講話所傳遞的信息,從而準確地把握對方話語的核心所在,才能客觀、公正地聽取、接受對方的疑惑與不滿。

3.控制好自己的言行

在傾聽對方時,最難也是最關鍵的技巧之一,就是要約束、控制好自己的言行。通常人們都會喜歡聽讚揚性的語言,不喜歡聽批評、對立性的語言。當聽到反對意見時,總會忍不住要馬上批駁,似乎只

有這樣，才能說明自己有理。還有的人過於喜歡表現自己，這都會導致與對方交流時，過多地講話，或打斷別人的講話。這不僅會影響自己的傾聽，也會影響對方的談興和對你的印象。所以，在和顧客的溝通中，一定不要輕易插話打斷對方的講話，也不要自作聰明地妄加評論。

4. 儘量創造傾聽的機會

要想營造一種較為理想的談話氣氛，並鼓勵顧客談下去，再談下去，作為傾聽方，就需要採取一些策略方法。

(1)要善於鼓勵

傾聽對方的闡述需要做好相應的準備，否則，傾聽時心不在焉，會讓對方覺得你根本就沒聽，從而會讓對方感到不愉快，也會覺得你沒有欠缺合作的誠意。因此，在傾聽時一定要給對方造成一種心情愉快、願意繼續講下去的氣氛。其基本技巧之一，就是用微笑、點頭、目光等讚賞來表示對客戶的呼應，來顯自己對客戶談話的興趣，從而促使對方繼續講下去。

(2)要善於表示對客戶的理解

試想一下，如果在溝通中，你侃侃而談了半天，而對方卻一點兒沒聽懂、一點兒表示都沒有，那麼你還有興致談下去嗎？所以，不妨設身處地的為對方考慮一下，在溝通中，當你充當「傾聽者」時，一定要注意以「是」、「對」等答話來表示自己的肯定，在對方停頓下來的時候，也可以用簡單的話語來指出對方的某些觀點與自己一致，或運用自己的經歷、經驗來說明對講話者的理解，有時，還可以適當覆述對方所說過的話，這些表示理解的方式都是對講話者的一種積極呼應。

(3)要善於激勵顧客講下去

有時，適當地運用反駁和沉默，也可以激勵顧客繼續談下去。當然，這裏所說的反駁並不是指輕易地打斷對方的講話或插話，而是當對方徵求你的意見或稍作停頓時，對其進行適度的反駁。另外，根據具體的談判情況，你也可以保持適當的沉默，因為沉默有時也不等同於承認或忽視，它可以表示你在思考，是重視對方的意見，也可能是在暗示對方讓他們轉變話題。

5.不要因急於反駁顧客而結束傾聽

即使是在已經明瞭顧客真實意圖的情況下，也要堅持聽完對方的闡述，而不要因為急於糾正對方的觀點而打斷對方的談話。即便是根本不同意顧客的觀點，也要耐心地聽對方講完。因為，聽得越多，就越容易發現客戶的真正動機和主要的反對意見，從而有針對性的調整自己下一步的銷售策略。

6.讚美你的客戶

要找到一個可供讚美的點. 喜劇泰斗卓別林，1975 年 3 月 4 日，以 85 高齡在英國白金漢宮被伊莉莎白女王封為爵士之尊榮。在封爵儀式中，女王對興奮的卓別林說：「我觀賞過許多你的電影，你是一位難得的好演員。」事後有人詢問卓別林受封的感受，他有點遺憾地說：「女王陛下稱讚我演得好，可是她沒有說出那部電影那個地方演的好。」

由此可見，讚美必須說出具體的點，才能發揮出無比的威力。

7.耐心地去傾聽

要使自己的傾聽獲得更好的效果，就不僅要去潛心地聽，還應該有一些回饋性的表示，例如點頭、欠身、雙眼注視顧客，或重覆對方所說的一些重要句子，或提出幾個對方關心的問題。這樣一來，顧客

就會因為店員如此專心地傾聽而願意更多、更深地講出自己的一些觀點。

有時候，在顧客面前認真傾聽比一味的說效果要好的多。耐心的去傾聽顧客的談話，會給客戶留下良好的印象。在客戶發言完畢之前，切勿打斷他們的談話。要給客戶充分的發言時間，這樣才能使得客戶感覺自己受到了尊重，自豪感也就油然而生，進而會更加信任、更有好感。

(1)耐心傾聽客戶的談話，及時回應客戶

作為店員，能夠耐心傾聽顧客的談話，就等於是在告訴對方：你是一個值得我傾聽你講話的人。這樣，在無形之中就能讓對方覺得受到了重視，從而使得雙方的感情交流更為融洽，並為最後的成功達成交易創造一種和諧融洽的氣氛。

耐心的傾聽必須是全神貫注地去聽，並輔助以適當的表情、動作或簡短的回應語句，這樣才可以激起顧客繼續談話的興趣。如果顧客在傾訴的過程中，得不到店員的回應，就會失去繼續談下去的興趣，如能得到回應，就可以表明他的談話正受到關注。從而有興趣與你繼續溝通和交流，店員從而也就可以獲得更多的顧客需求信息。

(2)不要輕易打斷顧客的談話

傾聽實際上是留給顧客的談話時間，認真傾聽的態度會給對方留下良好的印象，所以在對方的談話未完成之前，不要隨意打斷對方的談話或插嘴、接話，而且更不能不顧顧客的喜好，談論另外的話題。

(3)集中注意力，積極思考

在傾聽顧客的同時，也要注意積極地思考，既要注意顧客的談話內容又要關注他的談話方式與語氣。這樣就不會因為沒有足夠的分析和思考而草草地對顧客的談話下結論了。

⑷在適當的時機進行適當的提問

認真傾聽顧客的談話也需要你在適當的時機進行提問，提問可以表明你是在認真思考對方談話的內容，從而讓他有受到重視的感覺，並能引導對方說出自己的想法和相關信息。同時，提問還可以讓店員對顧客提供的一些信息進行準確的核實。

⑸注意傾聽時的禮節

良好的傾聽禮節既可以顯得自身有涵養，又能表達出對顧客的尊重。例如：身體略向前傾，表情自然；在傾聽過程中，保持和客戶視線的接觸，不東張西望；表示贊同時，點頭、微笑等，這些都需要店員在實踐中不斷地學習、積累。

第三節　店員的服務用語

店員的工作是需要同顧客進行直接的、面對面的交流的，所以洞悉顧客需求，實現顧客需求，便成了做好本職工作崗位的真諦。店員工作建立在人與人之間，因此，良好的語言表達能力和與顧客溝通的技巧對工作崗位起關鍵作用。要想展開高效率的工作，使用到位的服務用語和有效的交流溝通是店員必須學會的基礎功課。

一、常用服務用語

1.基本服務用語

⑴歡迎語：歡迎您來我們店、歡迎光臨。

⑵問候語：您好、早安、午安、早、早上好、下午好、晚上好。

(3)應答語：是的、好的、我明白了、謝謝您的好意、不要客氣、沒關係、這是我應該做的。

(4)稱呼語：小姐、夫人、太太、先生、女士、大姐、阿姨等。

(5)徵詢語：請問您有什麼事嗎？我能為您做什麼嗎？需要我幫您做什麼嗎？您還有別的事嗎？您喜歡(需要、能夠……)？請您……好嗎？

(6)道歉語：對不起、請原諒、打擾您了、失禮了。

(7)道謝語：謝謝、非常感謝。

(8)祝賀語：恭喜、祝您節日快樂、祝您聖誕快樂、祝您新年快樂、祝您生日快樂、祝您新婚快樂、恭喜發財。

(9)告別語：再見、晚安、明天見、祝您旅途愉快、祝您一路平安、歡迎您下次再來。

2.常用的服務敬語

(1)表示歡迎

①歡迎光臨！

②歡迎您的光臨。

③歡迎光臨××店，希望您能滿意我們的服務。

(2)表示問候

①您好！

②早上好！

③晚上好！

(3)服務用語

①歡迎您，請問一共幾位？

②請裏邊坐。

③請稍等，我馬上就來。

④請稍等，我馬上給您拿。

⑤我們這項產品的特色是……希望您能喜歡。

(4)表示祝願

①節日快樂！

②生日快樂！

③請多保重！

(5)徵詢意見

①我能幫您做什麼？

②請問，我能幫您做些什麼呢？

③您還有別的事情嗎？

④這樣不會打擾您吧？

⑤您喜歡……嗎？

⑥您需要……嗎？

(6)應答、客套

①不必客氣。

②沒關係。

③願意為您服務。

④這是我應該做的。

⑤請您多多指教。

⑥照顧不週，請多包涵。

⑦我明白了。

⑧好的。

⑨是的。

⑩非常感謝。

(7)表示歉意

①請原諒。

②實在對不起。

③打擾您了。

④都是我的過錯，對不起。

⑤我們立即採取措施，使您滿意。

⑥實在對不起，請您再等幾分鐘。

(8)告別

①謝謝您的光臨，請您慢走。

②歡迎您再次光臨！

③多謝惠顧，歡迎再來！

二、肢體語言

1. 常用手勢

(1)前擺式

如果右手拿著東西或扶著門時，要向顧客做向右「請」的手勢時，可以用前擺式。五指併攏，手掌伸直，由身體一側由下向上抬起，以肩關節為軸，手臂稍曲，到腰的高度再由身前右方擺去，擺到距身體 15 釐米，並不超過軀幹的位置時停止。目視客人，面帶笑容，也可雙手前擺。

(2)直臂式

需要給顧客指方向時，採用直臂式，手指併攏，掌伸直，屈肘從身前抬起，向抬到的方向擺去，擺到肩的高度時停止，肘關節基本伸直。注意指引方向，不可用一手指指出，那樣顯得不禮貌。

99

(3)雙臂橫擺式

當顧客較多時，表示「請」可以動作大一些，採用雙臂橫擺式。兩臂從身體兩側向前上方抬起，兩肘微曲，向兩側擺出。指向前進方向一側的臂應抬高一些，伸直一些，另一手稍低一些，曲一些。也可以雙臂向一個方面擺出。

(4)橫擺式

在表示「請進」、「請」時常用橫擺式。做法是：五指併攏，手掌自然伸直，手心向上，肘微彎曲，腕低於肘。開始做手勢應從腹部之前抬起，以肘為軸輕緩地向一旁擺出，到腰部並與身體正面成 45 度時停止。頭部和上身微向伸出手的一側傾斜，另一手下垂或背在背後，目視顧客，面帶微笑，表現出對顧客的尊重、歡迎。

(5)斜擺式

請客人落座時，手勢應擺向座位的方向。手要先從身體的一側抬起，到高於腰部後，再向下擺去，使大小臂成一斜線。

2.基本手勢語

(1)指點手勢

在交談中，伸出食指向對方指指點點是很不禮貌的舉動。這個手勢表示出對對方的輕蔑與指責，更不可將手舉高，用食指指向別人的臉。西方人比東方人要更忌諱別人的這種指點，接待外國客人要特別注意。

(2)翹大拇指手勢

對這一手勢賦予積極的意義，通常用它表示高度的讚譽。寓意為：「好」、「第一」等。但是在英國、澳大利亞和新西蘭等國家，翹大拇指則是搭車的慣用手勢。而在希臘，翹大拇指卻是讓對方「滾蛋」的意思。店員在接待希臘客人時，千萬不要用翹大拇指去稱讚對方，

那樣一定會鬧出笑話，甚至產生不愉快。

（3）點頭、搖頭

點頭表示肯定，搖頭表示否定，世界多數國家如此，但也有不少例外。義大利那不勒斯人表示否定不是搖頭，而是把腦袋向後一仰。要是表示強烈的否定，還用手指敲敲下巴來配合。這一否定動作在希臘、土耳其的部份地區、南斯拉夫、南義大利、西西里島、馬爾他、賽普勒斯和地中海岸國家是很普遍的。

（4）揮手

亞洲人招呼別人過來，是伸出手，掌心向下揮動，但在美國看來，這是喚狗的手勢。歐美國家招呼人過來的手勢是掌心向上，手指來回勾動，而在亞洲，這卻是喚狗的手勢。

（5）撚指手勢

撚指就是用手的拇指與食指彈出「啪啪」地聲響。它所表示的意義比較複雜：有時是表示高興；有時表示對所說的話或舉動感興趣或完全贊同；有時則視為某種輕浮的動作，例如對某人或異性「啪啪」地打響指。

（6）「Ｖ」形手勢

亞洲人伸出食指和中指表示「二」。在歐美大多數國家表示勝利和成功，但在英國看來，它所表示的意思不是勝利，而是傷風敗俗。接待希臘客人同樣不能使用這一手勢，否則就是對人不恭。因此，接待英國人和希臘人千萬不能出現這一手勢。

（7）手指放在喉嚨上

俄羅斯人，手指放在喉嚨上表示「吃飽」。日本人做這動作表示被人家「炒了魷魚」。

101

第四節　與顧客交談時應注意的禮儀

店員在工作中，保持良好的生活習慣是很有必要的，在與顧客交談時，一定要克服不良的習慣，以免對方產生不悅或不滿的情緒。

一、不要說出引起顧客反感的話

冷氣機專賣店店員正領著一對夫妻在店內看貨品，年輕的店員態度十分熱情。根據店員的觀察，這對夫妻並不是那種高端客戶，他們的目標是中低價位的冷氣機，因此他儘量選了幾款低價位的冷氣機來介紹。

最後妻子看中了一款性價比很高的冷氣機，三個人坐下來休息，討論送貨問題。這時，丈夫一抬頭看到貨架上有一款銀白色的冷氣機，樣式很大方，於是就向店員詢問。店員抬頭看了一眼，然後說：「那款好倒是好，可是價格也貴啊，您還是拿這個便宜的就行了。這個比較便宜！」

這時，丈夫的臉色有點不好看了。他的妻子也站了起來：「老公，我們再走走看看吧！」

當店員說出那句「這個比較便宜」，他或許只是考慮到顧客的實際情況而提出的建議，但是在顧客聽來就是諷刺自己買不起貴的。案例中的店員服務態度無可挑剔，可就是犯了有口無心的錯，隨意的一句話傷害了顧客的自尊心，結果一次本來可以成交的生意就這樣告吹了。

店員在接待顧客時，不僅要懂得基本的銷售技巧，而且還要在自

己的語言上特別注意，以免一句無心的話而傷害了顧客。如果是這樣的話，你的前期努力很可能就會前功盡棄，可能成交的生意也會化為泡影。

在營業過程中，店員一定要注意管好自己的嘴，動嘴之前先動腦，免得「言者無心，聽者有意」，引起顧客反感。

二、這些話不要說

在此，我們總結出一些店員應忌諱的話語，希望店員引起注意。

(1)「這種問題三歲小孩都知道」

這句話是很無禮的，但是很多店員偏偏在情急之下就能脫口而出。例如在商品推擠中，有些顧客對商品的一些性能指標、專業術語不夠瞭解，個別店員可能會以此反唇相譏。雖然有可能是出於無心。但這種話很容易引起顧客的反感，他們會認為這是極大的嘲諷，是萬萬說不得的。

(2)「什麼價錢買什麼貨色唄」

人們常說：一分錢一分貨。單純從商業角度來說，「什麼價錢買什麼貨色」有它的道理。但出現在店員對顧客的服務中，就顯得很不得體了。顧客在聽後通常會有不良反應，感覺「是不是嫌我看起來寒酸，沒錢拍好的，只配買便宜的貨色」。如果顧客對價格一時難以接受，那就該發揮技巧，切不可讓人感到有歧視的成分。

(3)「不可能，我們的產品絕不會有這種事情發生」

一些店員可能是對自己的產品和服務充滿自信，於是在回答顧客質疑時，回覆得非常絕對。但自信應該體現為一種沉穩的氣質，而不是口頭上的強硬。許多店員忽略了這一點，往往在顧客提出抱怨時說

出此話，以表自信，孰不知已經傷害了他們。因為這句話中隱隱約約包含了認為顧客在「撒謊」的因素，所以他們會在心裏說：「明明就是有問題，你還要說絕對，難道我還會騙你不成？」

(4)「你這個問題去問公司吧，我管不著」

要知道店員的一舉一動，都代表了門店的形象，店員應該和門店休戚與共。對顧客負責，也是店員基本的責任。當你說出「我管不著」這句話時，顧客會怎樣想？用這種話來搪塞、敷衍顧客，會讓他們感覺有推脫之嫌。

(5)「這個問題我也說不清啊」

當顧客提出的問題遭遇到這樣的回答時，顧客不僅會感到店員在專業上的欠缺，而且會感到這家門店沒有責任感：作為店員你都說不清楚，那讓我找誰去問？！因此店員一定要全力以赴去解答顧客的疑問，即使一時無法回答，也一定要找專業人士來回答。

(6)「我可沒有說過這樣的話」

這句話，很多店員都曾說過。也許在說這句話時，店員的心中可能很坦然，但在顧客聽來，可能會感覺不好受，因為他會認為店員不願意承擔責任。說出這樣的話來不但無助於解決問題，還會給你帶來更大的麻煩——你後面說的話可能都會於事無補，那麼你們的交流就不會建立在一個相互理解、相互信任的基礎上。

(7)「我也沒有辦法了」

當顧客在購買商品遇到什麼問題時，這種否定性的話儘量不要使用，以免讓顧客的心一下子墜入穀底。即使在處理上有很大困難，也要先給顧客一個肯定的回答，至於能否解決另當別論。這樣顧客才會覺得店員的服務是用心的，態度是誠懇的。

(8)「我們店有規定的」

實際銷售中，當顧客的要求無法滿足時，很多店員往往喜歡用這樣的話來應付顧客。但是對顧客而言，門店的店規和自己又有什麼相干呢？如果彼此覺得合適，那麼就做成這單生意；不合適就算了，用店規壓人總會讓人感覺生硬。

(9)「唉……總歸是有辦法解決的」

店員這樣說是為了安撫顧客，但是這句話其實只是表明了店員內心的緊張和底氣的不足。而且在顧客聽來這也是一句不負責任的話，對於顧客來說只會增加他們的急躁情緒。「船到橋頭自然直」，然而對於顧客來說，橋頭就是你。連你都推委了，那麼他們還能指望誰呢？

(10)「改天我再和您聯繫好嗎？」

諸如「改天」、「過幾天」這類曖昧的字眼最好不要使用，顧客只希望聽到確定的解決時間。讓我們設身處地想一想，如果你是顧客，你希望聽到這樣含糊不清的話嗎？在這種情況下，如果你對他說「三天之後我們一定幫你解決」，效果就完全不同了。顧客也有他自己的事，不可能天天都等著你的電話。只有給他們一個確定的時間、確定的答覆，他們才會相信我們有能力把事情解決好。

凡是脫口而出的話語，十句裏面可能有九句半會讓自己在事後感到後悔不已。因此，店員在與顧客交流的過程中，一定要先動腦再動口，在心裏話滾出你的喉嚨之前，稍微修飾一下它的棱角，仔細地把握好說話的分寸。把握該問與不該問、該說不該說的技巧，另外說話的角度不同，得到的結果也會不同，說之前一定要先想一想從那個角度說才能達到理想的效果。

三、不要喋喋不休地賣弄口才

黎小姐到商場閒逛，隨意走進一家女裝專櫃，店員便向她推銷商品。「小姐，你要買點什麼？」

黎小姐回應說想買套春裝，店員小姐立刻精神抖擻地向黎小姐介紹起店內的服裝來。

不勝其煩的黎小姐想走開一點，但是——

「小姐，你看這款春裝，剛到的貨，您這身材肯定合適。」黎小姐在前面走，店員小姐就在後面寸步不離，不停地介紹著。最後黎小姐只得離開這家店，儘管這個歐美風的品牌很適合自己。

「銷售人員的喋喋不休讓我沒了心情，我說一句要春裝，她就推薦個沒完，怎麼跟要強迫購買似的！」黎小姐有些無奈。

銷售確實需要講究口才，但並非口若懸河就能得到顧客的青睞。很多店員認為銷售是一項表現口才的工作，於是他們就有意地在與顧客溝通的過程中賣弄自己的口才，想用自己的巧舌將產品或服務的優勢淋漓盡致地呈現在顧客眼前，從而達到銷售成功的目的。就像案例的店員一樣，但實際上這樣做往往會產生反效果，銷售是一個溝通互動的過程，店員不能只是喋喋不休地說，也要傾聽一下。

在耳邊喋喋不休地推銷，換成了任何人也沒有了好心情，只想早點離開這裏，所以往往會導致交易失敗。我們可以透過心理學來總結一下，當顧客在購買產品時，她們並不希望在購買的過程中有被強迫的感覺。對於有主見、已做好購買決定的顧客，對店員的喋喋不休，一般有很強的承受力，但是對拿不定主意的顧客，你對他這麼熱情，他怕辜負你的一片盛情，反而會如驚弓之鳥般逃離店鋪。

　　銷售確實需要講究口才，但並非口若懸河就能得到顧客的青睞。銷售更是一種相互溝通的過程，在這一過程中，顧客既希望自己的物質需求能夠得到滿足，又希望自己的心理能夠感覺滿意。店員急切的表現也許會在較短的時間內傳達給顧客足夠的信息，但是如果店員的表現過於急切，那麼就會讓顧客對產品或服務產生懷疑，同時顧客還會產生被強迫購買的感覺。有這樣一個小故事：

　　一個人去聽牧師的演講，開始的時候，他被深深地感動了，拿出很多錢準備捐款。一個小時過去了，這個人認為牧師的演講估計該結束了，但牧師仍在繼續，他有點不耐煩，決定只捐一些零錢算了。兩個小時過去了，牧師還在滔滔不絕，這個人開始反感，決定一分錢也不捐了。三個小時過去了，牧師還在翻來覆去地講同一個道理，這個人煩透了。好不容易挨到牧師演講結束，開始時準備捐錢的這個人，一分錢沒捐。

　　這就告訴我們，話說太多了也會起到反效果，要懂得適可而止。一場成功的推銷應該像一個好的電視節目，有好畫面和好音響，如果電視機的音響不好，觀眾的聽覺享受就不佳。電視聲控不佳，音響效果就不好，音量可能會太大。這就像是店員與顧客溝通時，如果店員喋喋不休地講話，或者聲調太高，顧客會嚇跑的。

　　店員為什麼明知顧客討厭喋喋不休的「貼身服務」，卻還要這樣做呢？原因不外乎以下幾點：

・急於做成生意；
・不知道什麼時候停止更好；
・如果停止說話，擔心顧客會轉移注意力；
・不知道傾聽的作用。

　　事實上，很多店員的最大問題就是說的太多，聽的太少。「最偉

大的推銷員」喬‧吉拉德曾經告誡推銷員說：「不要過分地向顧客顯示你的才華。成功推銷的一個秘訣就是 80%使用耳朵，20%使用嘴巴。」點到即止的推銷、沉默而誠懇的聆聽，這才是一個完整的溝通過程。誠懇地聆聽不但顯示了店員良好的修養和對顧客的尊敬，更給了店員充分的時間揣摩顧客的心理狀態。業績不是靠你喋喋不休得來的，善於傾聽＋會提問＝成功的銷售。

所以在溝通中，「傾聽」是一個十分重要的技巧，會起到「無聲勝有聲」的效果。有技巧的傾聽和不知所措的沉默，表面上似乎有相同之處，實際上卻是完全不同的兩種境界。那麼，什麼時候該傾聽，傾聽該注意那些技巧呢？

⑴要真誠地聆聽顧客的談話，不要假裝感興趣，因為他對你所說的話會透過你的表情呈現出來，如果你對他的話沒有適當回應，那麼他就會對你徹底失去興趣，如此你的推銷將無果而終。

⑵不要在顧客說話的時候寫東西或者擺弄商品。

⑶當顧客說話時，不要顯示出排斥的心理，這是一種很愚蠢的行為。當你心裏感覺面前的人說話「很沒水準」或者「他的房間很亂」等，即使臉上帶著微笑，顧客還是會感覺出你的排斥心理。如果你遇到這種情況，不妨換一個話題，這樣才對你有利。

⑷不要任意打斷顧客談話，不要試著加入話題或糾正他。

我們如果希望自己說的話能夠在別人身上起作用，就不能採取簡單的重覆，而是能換個角度、換種說法。將對方的厭煩心理、逆反心理減到最低，到那時，你也許能真正體驗到「一語千金」的威力。

四、把握好語言形式

1. 避免命令式語句，多採用請求式語句

命令式語句是說話者單方面的意見，沒有徵求別人的意見就勉強別人去做；請求式的語句是尊重對方，以協商的態度請別人去做。

2. 少用否定語句，多用肯定語句

對店員而言，否定句應視為一種禁忌，要儘量避免。在很多場合下，肯定句是可以代替否定句的，且效果往往出人意料。

3. 多用讚美、鼓勵性語句

人人都喜歡聽到別人真誠的讚美，花幾秒鐘向顧客說一些稱讚的話，能有效地增加與顧客之間的友誼。受人稱讚是每個人的心理需要，但是讚美要基於事實、發自內心、要坦誠，誇張不實的讚美，會使客人反感，結果適得其反。

店員應該懂得一個人最值得讚美的不是他身上早已被人所知的長處，而是蘊藏在他身上鮮為人知的優點，讚美不需要錦上添花，而是需要雪中送炭，才會備受珍惜而收到獨特的效果。

讓自己養成讚美的習慣，會很快改變你的人際關係，與顧客之間建立起一個和諧、愉快的服務與被服務的氣氛。

4. 說話要看語境

說話總是在特定的情景氣氛中進行的，因此語境能直接影響說話雙方的情緒乃至說話效果。

店員必須學會選擇話題，隨著語境的變化選擇說話方式，如果店員的語言內容和方式不合時宜。必遭到顧客的不滿，而言語輕鬆明快和良好的情景氣氛，則讓顧客心情愉快，同時有助於店員與顧客的溝

通，使服務更加到位。

人們之間的交流和感情的溝通，主要依靠有聲語言和文字，此外，適合的肢體語言、目光和面部表情也能起到良好的輔助作用。如果店員只會用口頭語言表達，不能同其動作相協調，其服務還不能算是優質的。有的店員在為顧客服務時，面無表情，低頭含胸，眼睛始終注視別處，顧客會覺得受到冷落，不夠尊重。

店員正確使用服務語言能給顧客帶來心理上的滿足，服務語言必須做到「發音準確，選詞明確，用句正確」，避免引起顧客的誤會。要求店員講話發音準確，符合普通話的語音要求，而且不含糊，做到傳遞清晰。選詞、用詞明白、準確，不浮誇，生僻難懂、令人費解的詞句最好不用。

心得欄 _____

_____

_____

_____

_____

_____

第 **5** 章

店員必備的商品知識

　　店員對販售商品一知半解，會導致顧客不滿意。店員要學會提煉產品的獨特賣點，注意把握顧客的心理，揣摩顧客的喜好，針對其消費心理而進行銷售。

第一節　不要對自己的商品認識模糊

　　服裝專櫃前，一位小姐看中了純棉長款襯衫，她伸手摸了一下布料，導購員趕緊迎了上去：「您喜歡這款襯衫是嗎？這款襯衫很顯氣質，小姐穿上一定很漂亮！」

　　顧客有點猶豫：「這種全棉的會縮水吧！」

　　導購回應說：「純棉的是會縮水，你最好要買大號一點的。」

　　顧客：「哦，是嗎？可是不知道會縮到什麼程度，太大了也不好，如果我拿正好的號碼會縮水到不能穿嗎？」

　　導購員：「這個……應該不會吧。」

　　顧客：「算了，那我還是再看看其他的吧。」

　　在導購推銷中，很多時候都會發生由於店員對自己的商品知識不

瞭解,或者一知半解,導致顧客不滿意,沒有達成交易的情況。

在這個案例中,店員的態度倒是很端正,實事求是地說出了衣服可能縮水的情況,能站在顧客的立場上考慮問題,說明她有很好的服務意識。但是,要成為成功的店員僅有良好的服務意識是不夠的,還必須具有專業、豐富的商品知識。既然已知道這款襯衫會縮水,就應該進一步瞭解清楚縮水尺寸的大小或者其他應注意的維護事項,以便解除顧客的後顧之憂,而模糊不清的回答自然會讓顧客產生不信任感,所以到手的生意也就這樣泡湯了。

在當今越來越理性的消費環境下,如果店員不具備靈活運用商品知識的能力,即便你心中有再多服務的誠意,使出多大的力氣,用多麼明媚的表情和親切的態度接待顧客,也會使顧客失望,因為他不相信你不專業的推薦,當然也就不會相信你所售的商品,他不會為你泛泛而談的溢美之詞來買單。

那麼店員都應該具備那些專業知識呢?

(1)瞭解公司

不要懷疑,公司也是產品知識的一部份,因為公司的形象、規模、實力、行業地位、聲譽等都會使顧客產生聯想,從而影響到顧客對產品的信任。店員瞭解公司情況,既可以使說服顧客的工作更容易,也可以對公司有一種榮譽感、自豪感,從而增強銷售信心。店員要瞭解的公司情況包括:公司的歷史(發展歷程)、現狀(規模、實力)、未來(發展規劃、前景)、形象(經營理念、行業地位、榮譽、權威機構的評價)和公司領導(經歷、榮譽)等。

(2)瞭解產品

產品知識就是推銷力,產品技術含量越高,產品知識在銷售中的重要性越大。導購員要成為產品專家,因為顧客喜歡從專家那裏買東

西。店員掌握產品知識的途徑有：聽——聽專業人員介紹產品知識；看——親自觀察產品；用——親自使用產品，問——對疑問要找到答案；感受——仔細體會產品的優缺點；講——自己明白和讓別人明白是兩個概念。另外還有六種途徑也是瞭解產品的好管道：產品說明書；產品知識培訓會；客戶的信息回饋；同類產品；知識講座；網路、紙媒。

到此為止，這還只是對產品的初步瞭解，更進一步，店員要在瞭解產品基礎上做到：

①找出產品的賣點及獨特賣點。賣點即顧客買你產品的理由；獨特賣點是顧客為什麼要買你的產品而不買競爭品的原因。店員面對顧客不能說出三個以上顧客買你產品的理由，就無法打動顧客。

②找出產品的優點與缺點，並制定相應對策。店員要找出產品的優點，把它作為子彈打出去；找出缺點，則考慮如何將缺點轉化為優點或給顧客一個合理的解釋。實踐中存在的問題是，一些店員對產品瞭解得越多，就對產品的缺點認識得越透，而對產品的優點則熟視無睹，店員的視線被缺點擋住了。

③信賴產品。在瞭解產品知識的基礎上，店員要更進一步地欣賞自己的產品的優點，相信自己的產品是一個好產品，是一個能夠為顧客帶來好處的產品，一個值得顧客購買的產品。這種信賴會給店員以信心，從而使說服顧客的能力更強。可以說，初級的店員知道產品的基本知識，中級的店員能進一步地瞭解產品的賣點及優缺點，並制定應對之策，高級的店員則在瞭解產品的基礎上信賴產品。

(3)瞭解競爭品牌情況

顧客常常會把店員所推銷的產品與競爭品牌的產品進行對比. 並提出一些問題。店員要瞭解競爭對手(類似品、替代品)以下情況：

①品種。競爭對手主營產品是什麼？為招攬顧客而展示促銷的產品怎麼樣？主要賣點是什麼？品質、性能、特色是什麼？價格如何？與本公司同類產品的價格差別？是否推出新產品？

②陳列展示。競爭對手櫃台展示的商品和展示特色？POP 廣告表現怎麼樣？

③促銷方式。包括促銷內容（那些商品減價？減價幅度如何？）和促銷宣傳（減價 POP 廣告好不好？）。

④店員的銷售技巧。競爭品店員的服裝、外表好不好？接待顧客的舉止正確與否？產品介紹是否有說服力？

⑤顧客。競爭品的顧客數量有多少？顧客層次怎麼樣？

店員要從不同的角度把你的產品、你負責的櫃台與競爭對手進行比較，力求比他們做得更好。誰能做得更好，誰才能更吸引顧客、贏得顧客。

完備的商品知識是店員手中必不可少的售貨工具，要做一名優秀的店員，必須花出更多的時間對所經營的商品做細緻的研究。只有如此，我們才可以胸有成竹地進行銷售，帶給顧客可信任感。面對顧客的挑剔我們能夠做到應付自如，才能縮短時間、提高工作效率，為顧客的疑問進行確切的答覆。以此作為前提在我們沒有顧客所需的商品時，才能成功地推薦出替代商品，達成銷售。

第二節　不要弄不清商品賣點

一位男士走進了一家建材專賣店，他的目標是瓷磚，他很快就在一種淡藍色瓷磚面前停了下來，導購小姐見狀趕快跟上顧客，然後陪同介紹。

「先生好眼光，這款瓷磚是釉面磚，家居用最好了！」

「我怎麼看這瓷磚也就一般啊，也沒什麼特色，我在隔壁看的跟你這個差不多的，價錢便宜不少呢！」

「怎麼會呢？一分錢一分貨啊，我們這款瓷磚品質肯定要比他家的好啊！」

「恩，可是我是要用到衛生間，買太貴的也浪費了。」

「不會浪費的，東西好您用著就知道了！」

「……算了，我還是再走走看吧！」

這個店員的推銷服務顯然是失敗的，當顧客對產品有疑問時，她沒能夠給出商品的獨特賣點，僅僅是以「品質好」來應付。可是品質好只能算是合格產品最基本的要求，根本無法以此打動顧客。事實上，該款瓷磚的賣點可能有很多，例如吸水率低、原材料天然、色澤豔麗不易褪色，等等，但是在上面的案例中店員卻沒有給出一點，結果導致交易失敗。

僅僅告訴顧客你的產品品質有保證，比其他產品更優秀是不夠的，必須要把你的產品好處提煉出來，用最直接、生動、富有衝擊力和記憶點的語言加以概況和描述，並透過最有效的途徑傳遞給消費者，讓他們知道、理解、喜愛，並認定「這個產品就是棒！」這樣才能成就傑出銷售。

　　店員們必須明確地認識到這一點，產品賣點無處不在，它貫穿於產品行銷的全過程，它可以是有關產品品質中獨特賣點的，可以是賦予老產品新概念的管道，也可以透過行銷創新(如廣告、促銷、活動、理念等)的提煉。但是需要注意的是，提煉產品或項目賣點，要在市場調研的基礎上進行，而不能坐在家裏拍腦袋。

　　可供店員選擇的賣點方向有很多：如情感訴求、功能訴求、原料訴求、歷史訴求、技術訴求、產地訴求、技術訴求、品牌基因訴求、色彩訴求、味道訴求、感覺訴求、慾望訴求等諸多元素，都可以成為我們提煉賣點的出發點。

　　那麼銷售工作中，店員在提煉產品賣點時應該注意那些問題呢？

(1)首先認真瞭解你的商品

　　產品是否夠新奇。運用突破性思維，從行銷的角度，透過精心策劃、創意，賦予產品新的特點，新的特性，新的特徵。

　　產品是否有個性。隨大流的東西肯定很難激發起人們的興趣，只有具有鮮明個性的才更容易脫穎而出，一鳴驚人。產品的賣點是一種擬人化的東西，把產品和大眾的消費理念以及需求聯繫起來，尋求差異化，賦予產品以新的概念，提出銷售主張。

　　產品是否有人情味。目前零售業裏產品的品種、品類繁多，而且產品的同質化現象也很嚴重。如何透過提煉產品賣點打開一片更廣闊的市場？產品作為一種滿足人需要的物品，不可避免地被人賦予一種情感化的屬性，所以，這個時候產品不再是冷冰冰的一種實物存在，其本身已具有了情感特性，營造產品的情感訴求，同人的需要和需求結合起來，產品的賣點才會更具感染力和親和力，更容易被受眾所接受。

(2)嚴格遵守賣點提煉的原則

第一，確有其實。是否「確有其實」，是商家與騙子的分水嶺，概念（賣點）永遠不能代替產品，必須建立在產品實物基礎上。通常一個產品的賣點不會只有一個，而將那一點提煉為核心賣點並不取決於產品自身實際功效（或特色）強度排序，也不是由技術人員確定的，而是按照市場需求排定的。但記住，「不實在」是騙子，「太實在」是傻子。

第二，確有其理。消費者在得知你的產品核心賣點時，一般會在口頭或心裏追問一句：「憑什麼這麼說？」這時你必須有充足的說服力，這就是產品核心概念的理論支撐體系。支撐產品核心賣點的理由必須可信、易懂、便於表達、記憶和傳播，切記，要用消費者聽得懂的語言去表達和交流。

第三，確有其市。必須有足夠數量的受眾（需求者），過分狹小的目標市場將會降低產品獲利的空間。如航空藥、「熊貓」特供煙等。選擇的對象必須是有購買能力的、相對集中的、容易鎖定的。但要記住，雖然市場細分已成為取勝市場的法寶之一，但細分的程度需要有一個量化界線。

第四，確有其需。你所訴求的賣點，其市場需求或潛在需求必須是實實在在的，這種需要最好是尚未被很好滿足的「急需」，這會節省你許多宣教成本；此外，我們也可以深入研究、發現、引導和滿足潛在需求，不過這往往需要較大的市場教育成本和拓展代價——風險和收益基本是成正比的。當然，要切忌想當然式的訴求，其害不淺。

第五，確有其特。你所提煉的核心賣點要盡量優於或別於其他同類產品，要有自己的個性、突出自身特點、要巧妙別致、給人以美感，有寓意、易識別、易記憶、易傳播、吉利、不違背習俗，太過直白和

嘩眾取寵均不可取，要能夠體現企業精神和產品特質，可延展、可持續。

第六，確有其途。你所提煉的核心賣點必須有能夠傳遞給目標消費者的途徑，最好是捷徑。傳播必然有代價，但達到同樣傳播效果，所付出代價的多寡則是判定「能人」、「俗人」與「庸人」的尺碼，好的核心賣點是能夠找到其「廉價」的快速傳播通路的。

在商品越來越同質化的今天，很多賣點已經被人說濫，對顧客也沒有任何吸引力了。要想提煉出獨特的產品賣點，思路首先要打開，不能緊盯著某一方面不放，正所謂「條條大路通羅馬」。當我們產品本身實在沒有賣點可提煉之時，不妨用突破性思維，從行銷的各個層面去考慮產品賣點。

第三節　不要對顧客心理一無所知

某內衣店正在舉行一次年末促銷活動，購物買 1000 元即可獲贈棉襪一雙。活動最後一天，一位顧客正在挑選竹炭秋褲，店員在旁邊熱情地介紹說：「這種秋褲穿著舒服，價格也比同類其他產品便宜，比較實惠。」

顧客想了一想說：「我比較喜歡竹炭的產品，還有保健效果呢。對了，我聽說你們最近在做活動，這條秋褲打完折 1200 元可以送襪子吧？！」

店員扭頭大聲問櫃台內的同事：「現在××秋褲還有沒有贈品送？這裏有個想要襪子的顧客。」

店員這一叫，店內所有的顧客都把目光投向了這個顧客，她

不好意思地低下了頭，還沒等店員的答覆就轉身離開了內衣店。

在做推銷時，店員一定要注意把握顧客的心理。要知道，顧客在購買中會有很多的原因影響最終的決定，而這許多的原因中有很多是顧客不願讓別人知道的，以上例子中的顧客可能就是衝著贈品來的，但由於「面子」問題，不願讓其他人知道，該店員一句「無心之言」將顧客的本意「公佈於眾」，結果可想而知。

要瞭解顧客的心理、能揣摩顧客的喜好，這樣在服務過程中才不會引起顧客反感，導致銷售失敗，同時又能讓顧客產生一種信任感，從而促進他們的購買慾。

不同的顧客有不同的興趣與愛好，他們的消費心理也就各不相同。但大量研究表明，顧客的消費心理要比人們想像的有規律得多，而且大部份是可以預料的。古人云：「他人之心，予以度之。」店員只要參透了顧客的消費心理，針對其消費心理的特點進行銷售。

顧客的消費心理都有那些呢？

(1)求美心理

在求美心理支配下，顧客在選購商品時不以使用價值為購買標準，而是注意商品的品格和個性，強調商品的藝術美。其動機的核心是講究「裝飾」和「漂亮」。不僅僅關注商品的價格、性能、品質、服務等價值，而且也關注商品的包裝、款式、顏色、造型等形體價值。城市年輕女性更多地具有這種消費心理。

(2)炫耀心理

通俗來講就是追求名牌，這類顧客在選購商品時，特別重視商品的威望和象徵意義。

商品要名貴，牌子要響亮，以此來顯示自己地位和特殊，或炫耀自己的能力非凡，其動機的核心是「顯名」和「炫耀」的同時對名牌

有一種安全感和信賴感，覺得品質信得過。精明的商人，總是善於運用顧客的崇名心理做生意。一是努力使自己的產品成為品牌；二是利用各類名人推銷自己的產品。持這種消費心理的主要是城市青年男女。

(3)實用心理

顧客在選購商品時不過分強調商品的美觀悅目，而以樸實耐用為主，其動機的核心就是「實用」和「實惠」。這類顧客更多的是關注商品的結構是否合理，使用是否方便，是否經濟耐用、省時省力，能夠切實減輕家務負擔。當然，他們也會被新產品所吸引，但他們更多地是關心新產品是否比同類舊產品更具實用性。

商品的實際效用、合適的價格與較好的外觀的統一，是引起購買的動因。家庭主婦和低收入者及中年人大多持這種消費心理。

(4)時髦心理

顧客在選購商品時尤其重視商品的款式和眼下的流行樣式，追逐新潮。對於商品是否經久耐用，價格是否合理，不大考慮。這種動機的核心是「時髦」和「奇特」。

青少年和兒童大多是這種消費心理。

(5)便宜心理

顧客在選購商品時特別計較商品的價格，喜歡物美價廉或削價處理的商品。其動機的核心是「便宜」和「低檔」。他們會按照自己的實際需求購買商品，量入為出，注意節儉，對商品的品質、價格、用途、品種等都會作詳細瞭解，很少盲目購買。

低收入階層和老年人群易持這種心理。

(6)攀比心理

顧客在選購商品時，不是由於急需或必要，而是僅憑感情的衝

動，存在著偶然性的因素，總想比別人強，要超過別人，以求得心理上的滿足。其動機的核心是爭贏鬥勝。此種心理的主要群體仍是兒童和青少年。

(7)癖好心理

顧客的選購商品時，根據自己的生活習慣和業餘愛好的原則，他們的傾向比較集中，行為比較理智，並具有經常性和持續性的特點。他們的動機核心就是「單一」和「癖好」。基本上有此心理的大多是老年人。

(8)刺激心理

所謂刺激心理，是指對新奇事物和現象產生注意和愛好的心理傾向，或稱之為獵奇心理。古今中外的顧客，在獵奇心理的驅使下，大多喜歡新的消費品。尋求商品新的品質、新的功能、新的花樣、新的款式，追求新的享受、新的樂趣和新的刺激。兒童和青少年易受此心理支配。

(9)從眾心理

人人多具有從眾心理，只不過女性會表現得更突出一點。女性在購買時容易受別人的影響，如許多人正在搶購某種商品，她們極可能加入搶購者的行列，儘管該商品未必是她們喜愛的。她們喜歡打聽別人所購物品的信息，而產生模仿心理與暗示心理。女性容易接受別人的勸說，別人說好的，她很可能就下定決心購買，別人若說不好，她很可能就放棄掉。市場上我們經常見到的「一窩蜂」現象，產生的根據在於購買者有一種錯誤的判斷：有那麼多人搶一定會是好貨，或者有便宜可佔。

(10)情感心理

一般來說，女性比男性具有更強的情感性。因此，女性的購買行

為容易受直觀感覺和情感的影響。如清新的廣告，鮮豔的包裝，新穎的式樣，感人的氣氛等，都能引起女性的好奇，激起他們強烈的購買慾望。

顧客購買商品的心理，也與顧客的需求一樣，是多種多樣的，並且是複雜的。因為每一個人的興趣、愛好、個性、文化、經濟狀況等不相同，在購買心理上也因人而異。店員在實際工作中應該努力研究一點顧客心理學，並在實踐中揣摩、運用，最終把握顧客心理將成為你最好的銷售利器。

心得欄

第 6 章
店員必備的交接班工作

　　專家認為「銷售的成功是 90% 的準備加上 10% 的推薦」，店員應該在正式開業之前，就將營業準備工作做好，而不是等顧客上門後再手忙腳亂。有好的開始也要有好的結束，營業的結束工作與，營業前的準備工作，都不可忽視。

第一節　不要輕視上班前的準備工作

　　某化妝品專櫃正在進行特價促銷，買夏日防曬套裝贈送一小瓶護膚乳液。營業不久，專櫃就來了不少顧客選購化妝品，店員發現一位顧客正在看防曬霜，於是便上前介紹說，店內有購買套裝捆綁贈送乳液的優惠。顧客很驚喜，可是又有點困惑：「在那？我怎麼沒看到有捆綁的樣品啊？」

　　店員只好解釋說今天剛開始做促銷還沒來得及綁好樣品。這時旁邊的幾位顧客聽說有促銷也圍了過來，店員一時間就有點手忙腳亂，不但要招呼顧客，還要找贈品……

正所謂「台上一分鐘，台下十年功」，營業也和演出一樣，必須精心準備，專家認為「銷售成功是 90%的準備加上 10%的推薦」。因此，店員在營業前的準備是必不可少的一項工作。

店員應該在正式開業之前就將營業準備工作做好，而不是等顧客上門後再手忙腳亂地準備。

營業前的準備主要是兩方面的準備：個人方面的準備和銷售方面的準備。有了這兩方面的精心準備，店員在營業時才會胸有成竹，在運用各項業務技術時才遊刃有餘，才能儘快地進入最優秀的店員角色之中。

對店員來說，營業前的準備非常重要，要打有準備之戰。在營業前要檢查貨品是否齊全。店面是否整潔，銷售工具是否擺放妥當，例如促銷的廣告招牌位置對不對，是否醒目而又穩固，懸吊的高度和地點是否合適，商品目錄有沒有汙損，等等。此外，當天有什麼活動，這些都需要做好充分準備。事前多準備，可以有效地儘量避免銷售中發生問題。那麼店員應做的準備工作都有那些呢？

人生不如意十之八九。我們每個人在生活中常有令自己不愉快的事兒，但作為店員，在上班時間裏，一定要有飽滿的熱情、充沛的精力，切不可無精打采、萎靡不振，更不能怒火中燒、咬牙切齒，像誰欠你十萬八千塊似的。店員在上崗前必須調節好自己的情緒，始終保持一個樂觀、向上、積極、愉快的心態，並時刻牢記，把消費者當出氣筒的行為，會極大地傷害顧客，有損於店鋪利益，最終殃及自身。

顧客的需要就是店員的需要，顧客的滿意就是店鋪的財富。作為顧客時，我們都會有這樣的感受，走進一家店鋪，我們都希望店員言談清晰、舉止大方得體、態度熱情持重、動作乾脆俐落。這便是顧客的需要。顧客希望店員能夠舉止大方，店員就必須平時多注意、多體

會、多練習。

以店鋪為例，銷售方面的準備，主要包括以下四個方面的內容；

1.備齊商品

店員要檢視櫃台或貨架，看商品是否齊全，及時將缺貨補齊；對於需要拆包、開箱的商品，要事先拆除包裝；對於需要搭配成套的商品，要及時搭配好：對於需要組裝的商品，要事先拼裝；要及時剔除殘損和變質的商品，一句話，就是要使商品處於良好的銷售狀態。

2.熟悉價格

店員要對自己負責櫃台或貨架的商品價格了然於心，特別是有降價空間的商品，店員尤其需要弄清底價，牢記底價，以免忙中出錯。

只有當店員能夠準確地隨口說出商品的價格時，顧客才會有信任感，如果店員吞吞吐吐、支支吾吾、甚至還要查閱帳本，顧客的心中就會有疑惑，甚至打消購買念頭。

3.整理環境

店鋪開門之前，店員要做好清潔衛生，要調好光源，要使各種用品擺放整齊，讓顧客一進門就有一種清新整潔的感覺。

4.營業用品

店鋪中必要的售貨用具，對於店員的銷售工作有很大的幫助，一定要預先準備齊全。

零售貨用具大致分為以卜幾種：

計量器具：秤、尺、量杯等；

包裝用品：紙、袋、盒、繩等：

實驗用品：衣鏡、電池、萬用表等；

售貨工具：剪刀、鑷、勺等；

計價用品：計算器、發票、筆等；

充足的零錢。

5.查過夜商品

對貨架和倉庫裏的商品進行盤點，尤其是重點商品，如發現異常，及時向店長彙報查明情況。

6.整理排面

清潔、拖洗地面，擦抹貨架，商品及驗光加工設備，做到乾淨、整潔、無塵土。

7.整理商品、檢查標籤並檢查商品

對貨架上各種形式陳列的商品進行歸位類，整理。做到整齊、豐滿、美觀大方、便於選購，不得有空位。檢查價格標籤，要求做到貨價相符、貨簽對位、一貨一簽。整理商品的同時，要認真檢查商品品質，如發現破損商品，要及時剔除或處理，維護消費者利益同時維護本店良好形象。

8.補貨

查看近效期商品，在臨近近效期時做好記錄和退貨，及時補充店內日常銷售貨品(保證店內存貨維持正常營業，正常情況下不應出現斷貨現象)，及時補充分店日常工作所需物料徵訂和特殊商品等。

銷售方面的準備是做好一天營業的基礎。顧客進到一個店裏，主要目的不是來感受店員的服務，而是來購買商品或服務的，所以店員不但要做好個人方面的準備，更應該做好銷售方面的準備。也只有做好了銷售方面的準備，才能保證營業時間內不忙不亂、提高效率、減少顧客等待的時間，避免差錯和事故，所謂有備才能無患。

第二節　不要把打烊鈴聲當成工作的結束

有家手機販賣店，每天晚班結束時間是九點半。中秋節當天，幾名當班的店員心情都不太好：過節應該跟家人一起吃月餅啊，咱們還在這熬著！偏偏當天客人還挺多，幾名店員好不容易盼到了打烊時間。

鐘聲一響，幾名店員迅速清理顧客，收拾個人物品，爭先恐後地離開了店鋪回家過節。但是第二天上班時，幾名店員傻眼了：前一天的收款單據不見了！幾名店員拼命回憶當晚打烊時的情景，可是當時手忙腳亂誰記得都放那了啊！

很多店員一到將要打烊的時間就坐立不安，盼著能快一點回家。店員辛苦了一點，渴望早點回家休息可以理解，可是這並不能成為忽視營業結束工作的藉口。相反，越是到營業結束時，越要認真對待工作，避免出錯，免得一天努力付諸東流。

營業的結束工作與營業前的準備工作一樣不可忽視。結束工作做得好壞直接影響櫃台的經營管理，還有可能影響次日的營業，所以營業的結束工作，一定要做好、做細，為次日的營業打下好的基礎。

一天的營業結束後，店員的工作就是要對一天的銷售情況進行全面的檢查、清點和總結。

(1)清點商品

當一天營業結束時，無論是實行售貨兼收款還是只負責銷售的店員，都應全面清點當日所剩的商品數量，計算銷售貨款，並與售貨單相核對；要認真核對所售商品與貨款是否相符；核對所售商品與收款單是否相符，要確保這三項核對均相符。

127

當負責收款的店員營業結束後,店員要將當天所收的貨款或收款單及貨款核對,當無誤後要連同填寫好的交款單一起及時上交公司財務部門,結清當天的銷售款。

⑵做好每日工作記錄

負責收款的店員把當天的所收貨款上交後,還要把當天的進貨、銷貨登入賬簿,結出當日的庫存,並填寫各項營業報表。無收款責任的店員也要及時把當日工作情況作一個記錄。這便於店員每日檢討自己工作中的不足之處。

⑶增補貨物

記賬、清查完商品後,如果發現某種商品已售完或數量較少,為減輕次日營業前的準備工作量,可適當增補一些商品。如果庫存無貨,應及時向公司反映,積極組織進貨,以免影響次日的營業。

⑷整理商品與展區

對所轄展區、商品、促銷用品及銷售輔助工具進行衛生整理和整齊地陳列。小件物品要放在固定的地方,高級及貴重的物品應蓋上防塵布,加強商品養護。

⑸報表的完成與提交

當日銷售狀況應進行書面整理、登記,包括銷售數、庫存數、退換貨數、暢銷與滯銷品數等,及時地填寫各項工作報表,在每週例會上提交,重要信息應及時向店長回饋。

⑹結賬

店員對所管理的發票、收款單據、個人名章、帳本等物品妥善保管,貴重商品要入箱進櫃,並鎖好。

「貨款分責」的商店,促銷員要結算票據,並向收銀員核對票額。「貨款合一」的商店,促銷員要按照當日票據或銷售卡進行結算,清

點貨款及備用金，及時做好有關賬務，填好繳款單，簽章後交給店長或商店的經管人員。

(7)整理清潔

營業結束後，店員除了做好清查、核對工作外，還要把營業過程中由於顧客挑選商品所擺放錯位或弄亂的商品擺放整齊。把陳列的商品放在固定的位置上，並把營業場地打掃乾淨，清除垃圾，櫃台擦拭一遍，為次日的營業工作做好準備。

(8)檢查安全設施

檢查火警隱患。全部清理、清點工作完成後要整個店鋪檢查一遍。有沒有會引起火災的隱患，特別是掉落在地毯上的煙頭。消除火災的隱患在酒店中是一項非常重要的工作，每個店員都要擔負起責任。關閉電器開關、要注意熄燈、關掉電源、鎖好門窗，以防患於未然。

店員結束的維護工作非常重要，店員要認真仔細地執行，也不能為了儘快下班，不接待顧客，或是冷落顧客，板著面孔催促顧客等。即使是到了下班時間，也要熱情耐心地接待好最後一位顧客，然後再進行營業結束的維護工作。當然，也不能為了儘快下班，而忽視了維護工作的品質。

第三節　不要在交接班時散漫出錯

一家快捷旅店在交接班問題上經常出現混亂：早上交班的時候，兩名店員為一點小事弄得有點不愉快。

上午九點鐘時，接班人員問交班人員房間是否有問題，結果交班人員告訴她說：「某某客房少 2 條毛巾，接班人員及時補上了。」

下午接待員通知入住，卻遭到了顧客投訴，原來顧客入住後發現無被罩。責任是誰的呢？交接班人員都指責是對方的錯！

很多店鋪都在交接班時出現過問題，究其原因還是店員對交接班的重視不夠。例如在案例中，交接雙方都沒有把工作做到位，沒有認真進行清點，結果出了問題就互相指責。

店員們一定要明確交接班的意義，就是把上一班次的信息做好傳遞。我們經常出現有些事情交班交不下去，有些事情交班無落實，結果養成了一種被動的工作習慣，等到事情來了才去看交接班記錄。

交接班是為傳遞各種信息以及上一班次沒有完的工作，或下一班次需要注意的地方，不能只是抄抄就完事，而要真正的對各種事情做到心中有數，合理安排一些工作，落實工作。

在做交接班時，下班次的店員應提前5～10分鐘到崗，到崗時必須穿好工服、化好妝、戴好工牌後方可進入櫃台，兩個班次的店員須對以下事項進行交接。

(1)工作交接

商業銷售單位或服務部門，常會定期召開班前會，統一安排佈置工作。在進行工作交接和工作的佈置時，店員一定要專心致志、一絲

不苟。

通常的具體要求，可被歸納為「一準」、「二明」、「三清」。所謂「一準」，是要求店員準時地進行交接班。所謂「二明」，是要求店員必須做到崗位明確、責任明確。所謂「三清」，則是要求店員在進行工作交接時，錢款清楚、貨品清楚、任務清楚。在上述諸方面，稍有閃失，都會遺患無窮。

交接的具體工作內容為：

商品：貴重商品（根據各櫃台的具體情況確定）須由兩班次人員共同進行清點、記錄，無誤後由雙方簽名確認。

發票（有發票的櫃台）：由下班次店員核查發票情況，發現問題由兩班店員及時處理。

待處理問題：對上班次未解決的問題（如待維修商品等）進行記錄，由雙方簽名後，交下班次人員處理。

其他事項：上班次店員須將商場的各項通知、規定、注意事項及上班次發生的特殊事件等進行登記，並由下班次交接人員負責通知本班次櫃台所有店員。

(2)更換工裝

在正式上崗之前，就職於有此項規定的單位裏的店員，必須按照規定更換服裝，而不得自行身著不合規定的服裝在工作崗位上招搖過市，若單位要求身著制服上崗時，則更應當嚴守規定。

更換工裝，必須要在班前進行，而切莫在工作崗位上當眾進行表演，另外還要注意，更換工裝必須完全到位。要求在工作崗位穿著的服裝，即使不是其重點，如帽子、鞋子、領帶、領花或手套等，也一件不准多，一件不許少。

(3)驗貨補貨

直接從事商品銷售的店員，需要進行的一項重要的工作準備，便是需要驗貨和補貨。

其目的主要有二：一是為了檢查一下自己負責銷售的商品是否在具體數量上有所缺失；二是為了檢查一下自己負責銷售的商品在品質上有無問題。在進行驗貨之時，發現商品出現缺短，應及時報告。發現商品出現了品質問題，如骯髒、破損、腐敗、變質、發黴等。

(4)檢查價簽

對商品或服務進行標價時，通常要求一類一簽。對於大件商品，還應做到一件一簽。為防止差錯，標價時最好使用打碼機打碼，儘量少用手寫。字跡要大小適度，要使服務對象在距離 2 米左右處可以看得一清二楚。

標價的標籤應當採用一致的格式，其內容主要包括「六標」。即必須標有貨號、產地、品名、規格、單位和單價。在具體制作價簽時，要做到「六標」齊全，並且還要防止名與實不相符的「錯位」情況。

店員交接工作應在各自櫃台進行，不得影響正常的營業秩序。交接完畢後，上班次的人員應立即離開櫃台(特殊情況除外)，嚴禁場內聊天現象，任何情況不得影響下班次人員的工作，上班次的店員離開櫃台後，方可摘除工牌。

第 **7** 章

店員必備的收銀知識

　　收銀工作是店鋪工作的重要環節，收銀作業的優劣會直接影響到店鋪的效益。收銀人員一定要詳細學習收銀工作流程，在實際工作中嚴格按流程辦事，體現出整個店鋪的服務水準。

第一節　收取金錢的技巧

　　當顧客決心購買時，在金錢的授受過程中，仍有幾項原則應該加以注意，以免金錢上出入的差錯：

　　1. 購買金額的確認

　　當顧客決心購買時，一定要將商品價格再加以確認，如 35 元，而讓顧客再確知，以便於付款。

　　2. 顧客所付金額的確認

　　對於顧客所付的金額應予以確認，若有需要找錢時，也應一併向顧客說明。例如，商品 35 元，您付 40 元，找您 5 元。

3.繳款時應再予確認

當貨款繳給收銀台時，應將繳給的金額、商品的金額及應找回的金額予以確認清楚。

4.收銀台找錢時應再確認

在收銀台完成收款手續，當找錢時仍應加以確認，以使金錢接受能夠明確。

5.將錢找回顧客時再作一次確認

當商品與找回的金額交給顧客之際，仍需再予確認以便清楚地完成金錢授受過程。

在商品交易完成，將包裝好的商品交給顧客之際，最後在歡送顧客時，應很有禮貌地歡迎顧客再度光臨，即英語的 PCA，若能夠確實展開全店的 PCA 運動，相信能給顧客留下很好的印象，同時也能提高商店店員對顧客接待服務的素質。

第二節　收銀工作的職責

收銀工作是店鋪日常工作中的一個重要環節，店鋪的幾乎所有收入都要通過收銀台來實現。收銀作業的優劣將會直接影響到店鋪的收入與效益。因此，收銀人員必須要瞭解自己工作的重要性及其職責所在。

1.瞭解各類商品的價格，熟悉店鋪的服務政策、促銷活動、當期特價品、重要商品的位置以及各種相關信息，及時糾正各類商品的不準確標價。

2.熟練掌握收銀機的操作技術，熟悉各類支付工具的結算技巧，

各類結算業務的作業程序與要領以及結賬和查對方法。

3.負責每天營業的售賣收款、匯總及核實售賣商品的數量單位和金額。

4.妥善保管好營業款及各類單據，並按規定解繳以及完成有關信息的收集工作。

5.負責收銀機的日常清理和檢查維護。

6.維護店鋪的安全防範和備用零鈔。保證現金的安全、保證顧客的安全、保證商品的安全，安全是優質的收銀工作的重要保證條件。

7.參加店鋪收銀員培訓及考核。

第三節　收銀工作操作規範

收銀工作的重要性是毋庸置疑的，同時他也是一項繁瑣的、程序性非常強的工作，因此，收銀人員一定要詳細學習收銀工作流程，並在實際工作中做到嚴格按流程辦事。

一、收銀作業流程

收銀作業是一項很煩瑣的工作，但如果收銀員掌握了收銀工作的要點，不僅可以提高工作效率，還可以減少工作中的出錯率。收銀作業的基本流程可以分為總流程、每月流程、每週流程、每日流程以及每次流程。

(一)收銀作業的總流程

1.準備零鈔基金：現金室依據收銀機零鈔基金的組成、數量的標準，準備足夠的收銀機零鈔基金，每份基金都必須用指定的收銀袋束

裝。

2.設置零鈔：收銀管理人員為收銀機設置零鈔基金。

3.收銀：收銀員收取營業銷售款。

4.班結：收銀管理人員安排收銀員下崗，進行收銀班結。

5.收營業款：收銀管理人員收取收銀機內的所有銷售款。

6.彙集：收銀管理人員將所有的銷售款彙集現金室，進行相應程序的處理。

7.存款與再備零鈔基金：將零鈔基金從收銀機貨款中分離出來，重新進行零鈔基金的準備。並將當日的銷售款存入銀行。

(二)收銀作業的每月流程

1.月初將上月份的統一發票存根聯歸檔。

2.月底購買下月份的統一發票。

3.申請或購買必備文具。

4.申報營業稅。

5.參與月底盤點。

6.整理以月為登錄單位的各式收銀表單，並送至相關部門或主管。

7.定期對收銀機進行維修保養。

(三)每日流程

收銀作業的每日流程包括營業前、營業中以及營業後的作業流程，並且其工作場所也不僅限於收銀台，還包括服務台的工作。

每日具體的收銀作業流程為：

1.營業前準備

營業前的收銀工作重點在於準備有關事項。例如：

(1)清潔、整理收銀作業區。包括：收銀台附近、收銀機、收銀機

四週的地板，垃圾桶等。

⑵整理、補充必備的物品。包括：購物袋（所有尺寸）、包裝紙、必要的各式記錄本及表單，筆、便條紙、剪刀、釘書機、訂書針等文具。

⑶補充收銀台前頭櫃的商品。包括：統一發票、空白收銀條及「暫停結賬」牌等。

⑷準備並清點確認放在收銀機內的定額零用金。包括：各種幣值的紙鈔、硬幣等。

⑸檢驗收銀機的運轉狀況。包括：補充發票存根聯及收銀聯的裝置是否正確，號碼是否相同；日期是否正確；機內的程式設計和各項統計數值是否正確或歸零等。

⑹收銀員服飾儀容的檢查。包括：制服是否整潔，且合於規定；是否佩戴好工號牌；髮型、儀容是否清爽、整潔等。

⑺熟記並確認當日的促銷活動，特價、變更售價商品以及重要商品的位置及價格。

⑻早會禮儀訓練，準備開始工作。

2.營業中具體工作

在營業中，收銀員在結算過程中向顧客提供的服務包括：

⑴招呼歡迎顧客。

在適當的時機與顧客打招呼，能縮短顧客與收銀員之間的距離，活躍了店鋪的氣氛，對培養顧客的忠誠度和提升整個店鋪形象是非常有利的。例如：

①目光正視顧客，並微笑說：「您好，歡迎光臨。」

②等待顧客將提籃或手推車中的商品放在收銀台上。

③將收銀機的螢幕側向顧客。

(2)掃描或登錄商品，為顧客做結賬服務，並告訴顧客總金額：「一共……元。」

①左手取出商品，並找到商品包裝上的條碼。

②用掃描器掃描條碼。

③將掃完的商品與未掃的商品分開，以免混淆。

④檢查收銀台上和手推車中是否還有未掃描的商品。

⑤將提籃從收銀台上拿開，並疊放在一起。

(3)唱收顧客的現金：「收您……元。」

①確認顧客交付的金額，並檢驗其真偽。

②將顧客交付的金額輸入電腦。

③將鈔票放壓在收銀台的磁片上。

④如果顧客沒有付款，再重覆一遍金額，不能用不耐煩的語言，例如「快點」等。

(4)唱付給顧客零錢：「找您……元，您數一數。」

①找出正確的零錢。

②打出收款結算單，將大鈔放在下面，連同零錢雙手遞給顧客。

③待顧客沒有疑問時，立即將磁片上的錢放入收銀台的抽屜中，並關上抽屜。

(5)送客。

①將提袋交給顧客並微笑著說：「謝謝，歡迎您再次光臨！」

②掃視收銀台，確認顧客沒有遺忘物件。

③面帶微笑，目送顧客離去。

(6)當沒有顧客結賬時，收銀員也不應懈怠，要進行以下各項工作的準備，包括：

①整理及補充收銀台各項必備品及收銀台前頭櫃的商品。

②兌換零錢。

③整理顧客的退貨。

④擦拭收銀櫃檯，整理環境等。

(7)在遇到購物折扣的特殊情況時，收銀員要明確購物折扣的對象。

如使用會員卡的購物折扣所包含的商品、會員卡與其他購物卡是否可以合併使用、購物折扣的有效日期等；應在每一筆折扣作業結束之後，請享受折扣優惠的顧客簽寫「折扣記錄單」，內容包括姓名、折扣證的編號、購物總金額、折扣百分比、折扣金額及付款金額等，每台收銀機的「折扣記錄單」應分開登錄，以便查核。

3.營業後的收銀工作

營業結束後收銀員的主要工作是結算。

(1)收銀員下班前，必須先整理作廢發票以及各種點券，核對收銀機內的現金和購物券等的營業收入總數，再與收銀機結出的累計總賬款核對，若有在收銀過程中事先交付的貨款，應將收據或填款單記入總收入，再與主管將款項當面點清楚，準確無誤後填寫每日營業收入結算表，並簽名。

(2)如果產生錯誤，應即時查明原因，按制度規定處理。然後，將收銀機的所有現金、購物券、單據等放入店鋪指定的保險箱內。

(3)確認所有工作無誤後，關閉收銀機電源並蓋上防塵套，整理收銀台及週圍環境衛生，協助現場人員處理善後工作，為下一次工作做準備。

第四節　每天的現金收銀作業

現金除了存放在店鋪的收銀機之外，只能固定放置在店鋪現金室的金庫內。金庫應設有「金庫現金收支簿」，對於取出或存入現金的各種行動必須予以詳細記錄。

具體說來，現金室全天的工作程序如下：

(一)營業前

1.早班人員到崗

打開門禁，查看交接班記錄。

2.打開保險櫃

⑴發放收銀機零用金袋子、兌零零用金，由收銀主管簽字。

⑵發放發票，由主管簽字。

⑶辦理收銀台專用用具的領出工作，收銀主管簽字。

⑷收銀機授權鑰匙的借出，收銀主管簽字。

(二)營業間(早班)

1.處理收銀差異

⑴POS 機系統列印《收銀機班結報表》。

⑵將前一日晚班列印的實際收款報表進行比較，找出所有的收銀差異。

⑶針對收銀差異，確定產生收銀差異的收銀員，對超出店鋪規定數額的，發單進行處理。

⑷將處理結果在收銀差異報表中進行記錄、上報。

2.填寫報表

⑴根據實際收款，填寫《每日收銀匯總報表》。

⑵將報表上交有關管理層。

3.大鈔預收及處理預收款

⑴按規定的時間進行營業期間的大鈔預收。

⑵將收取款押回現金室。

⑶迅速處理預收款,將每一袋預收款打開,一人清點現金、驗鈔、填單、簽字,另一人複點現金、驗鈔、簽字。

⑷將所有現金按幣值分類放好。

⑸將數據輸入電腦進行儲存與處理。

4.銀行取款

⑴將已經清點並準備好的存款現金交銀行人員。

⑵由銀行清點、查驗假鈔,開立單據,一式三聯簽字蓋章(銀行收款過程中任何人不准進出現金室)。

⑶做現金日誌賬。

5.與銀行兌換零鈔

根據各種幣值的需要量,與銀行每日兌換相應的零鈔。

6.準備第二日收銀機零用金、兌零零用金的零鈔

⑴按收銀機零用金的規定,進行備零。

⑵用指定的收銀機零用金袋自裝,一份零用金一個袋。

⑶一人清點現金、裝袋、填單、簽字,另一人複點現金、裝袋、簽字。

⑷將備用金放入保險櫃中單獨存放。

7.營業間兌零

⑴根據兌零需要,隨時為收銀主管兌換零錢。

⑵兌零時雙方當場清點交接,現金室要查驗假鈔。

(三)工作餐

1. 就餐

⑴全體人員同時離崗就餐。

⑵將現金處理好並鎖好門禁。

2. 交接班

⑴晚班人員到崗。

⑶進行交接班工作，核對基金是否正確。

(四)營業間(晚班)

1. 處理收銀員班結錢袋

⑴收銀主管將收銀員的班結錢袋交到現金室。

⑵將班結袋逐一打開，一人清點現金、驗鈔、填單、簽字，另一人複點現金、驗鈔、簽字。

⑶將所有現金按幣值分類放好。

⑷將數據輸入電腦進行儲存與處理。

2. 大鈔預收及處理預收款

程序同上。

3. 營業間兌零

程序同上。

(五)工作餐

就餐。

程序同上。

(六)營業結束後

1. 結束當天的現金處理工作

⑴收銀主管將最後一班的收銀員班結款押送現金室。

⑵處理收銀員班結錢袋。

(3)將所有現金按幣值分類放好。

(4)將所有現金、有價證券放入保險櫃中，現金室不能有任何處於「開放式」存放的現金。

2.報表匯總工作

(1)確保全天所有收銀機、所有工作崗位收銀員的各項收款全部錄入電腦。

(2)列印出電腦匯總的報表，簽字確認。

3.結束當天工作

(1)收銀主管將所有收銀機專用器具歸還現金室。

(2)銀主管將收銀機鑰匙歸還現金室。

(3)寫交接班日誌。

(4)鎖好保險櫃，檢查電子防盜系統是否正常，關掉電源，設置門禁及報警系統，下班。

第五節　收銀作業注意事項

收銀工作是整個店鋪日常服務的一個重要環節，它同樣能夠體現出一個店員的精神面貌以及整個店鋪的服務水準。因此，對於收銀人員來講，這個環節馬虎不得，同樣要以最規範的服務對迎接每一個交款的顧客。

一、收銀不當處理規範

在店鋪經營過程中，即便是使用 POS 系統進行結算，由於條碼的

143

模糊、不平整以及系統故障等問題，也難免會有收銀錯誤的情形發生。如果不立即更正結賬錯誤，不僅會使顧客對收銀員的工作品質及專業能力產生不信任感。同時也會影響到當天營業額的結算平衡以及日後的稽核作業。

因此，在收銀過程中，出現差錯時應立即糾正，以挽回損失；無法更正的，應查明原因，嚴肅處理，將負面影響減到最低，並以此來避免顧客對店鋪產生不滿，提高店鋪的服務品質。

1.為顧客結算時發生收銀差錯的處理

收款時發現差錯，如多計或少計價格，收銀員應：

(1)立即真誠地向顧客表示歉意，解釋原因並立即予以糾正。當收銀員誤將商品價格多打時，可詢問顧客是否還要購買其他商品，如顧客不需要，則應將發票作廢並重新登錄。

(2)若錯誤的結算單已經打出，應立即將打錯的收銀機發票收回，重新打一張正確的結算單給顧客，並雙手將正確的結算單遞給顧客，並因耽誤顧客時間而再次向顧客道歉。

(3)禮貌地請顧客在作廢結算單(或作廢發票記錄本)上簽字，並登記入冊，請值班經理簽字作證；對顧客的合作表示感謝。待顧客離去之後，在一定時間內將作廢發票記錄本填妥。

(4)營業結束時發現差錯，這時已無法找顧客更正，但仍需分析原因。若屬機器出現故障，應立即找人檢修，以免影響下一次的收銀工作，若屬人為因素造成，無論出現貨款短缺還是盈餘，都應追究收銀員的責任，或如數賠償，或加倍罰款，並寫出事故報告書，以減少類似現象發生。

2.顧客攜帶現金不足或臨時退貨的處理

(1)如果顧客因所攜帶的現金不夠，不足以支付所選的商品時，應

好語安慰，不要使顧客感到難堪，並建議顧客辦理不足支付部份的商品退貨。如果顧客臨時決定退貨，應將顧客欲退回的商品的結算單收回，重新為顧客打出一份減項的結算單，熱情、迅速地為顧客辦理退款手續。

⑵如果顧客願意回去拿錢來補足時，必須保留與差額等值的商品。或先將顧客選的商品暫存在收銀台內，等顧客取錢回來後一併結算；也可以先結算顧客可支付的商品，餘下的部份可等顧客取錢回來後再結算。

3.營業收入收付發生差錯的處理

⑴收銀員在下班之前，必須核對收銀機內的現金、購物券等營業收入的總數，再與收銀機（電腦結算）或收銀小票結出的累計總貨款進行核對。如果營業收入短缺，應根據收銀員的工作經驗和工作回憶，分析出當日收入短缺是人為因素造成的還是非控制的自然因素造成的，以決定該短缺金額是由收銀員部份賠償或還是全部賠償。

⑵如果營業收入盈餘，實收金額大於應收金額，說明收銀員多收了顧客的貨款，損害了顧客利益，直接影響到店鋪形象，不能等閒視之。應責令收銀員支付同等的多收金額，以示懲戒。

⑶營業收入收付錯誤的發生對店鋪、收銀員和顧客都是不利的。收銀員應將差額（不管是盈餘或虧損）部份寫出書面報告，以解釋原因。

4.顧客刷卡不成功時的處理

⑴向顧客道歉，並說明需要重新刷卡。

⑵如屬於機器故障、線路繁忙，更換機器重新刷卡。

⑶如屬於線路故障不能刷卡，請求現金付款。

⑷如屬於卡本身的問題，可向顧客解釋，請求更換其他銀行卡或

現金付款。

總之,收款工作在店鋪經營中起著非常特殊的作用,有必要將收銀員的工作細化到每一個操作環節,乃至每一個動作,儘量使其規範化,以增加顧客的滿意度,樹立良好的店鋪形象。

二、收銀情景服務操作規範

運用恰當的禮貌用語很容易就能加深顧客的好感,營造出一種和善、親切、輕鬆、自然的營業氣氛。

(1)與顧客打招呼。在適當的時機與顧客打招呼,能縮短顧客與收銀員之間的距離,活躍店鋪的氣氛,對培養顧客的忠誠度和提升整個店鋪形象是非常有利的,如:「您好、早安。」「歡迎光臨。」

(2)當收銀員在擺置收銀台商品時,若是有顧客來到了身邊,應立即說聲「對不起」(在行為上應迅速開始為顧客結賬,並抱著「顧客優先」的態度)。

(3)收銀員收銀空閒而顧客又不知道要到何處結賬時,應該說:「歡迎光臨,請您到這裏來結賬好嗎?」(以手勢指示結賬台,並輕輕點頭示意)。

(4)顧客在結款時,出現現金不夠,收銀員應微笑地對顧客說:「沒關係,我們可以幫您刪除不要的商品。」並請當班主管協助刪除顧客不要的商品。

(5)發現商品沒有條碼時,收銀員必須及時檢查貨物有無條碼,及時通知收銀主管查詢條碼,微笑向顧客解釋原因,並詢問是否可以先結其他的商品。

(6)收銀機突然出現故障,收銀員要向排隊結賬的顧客耐心解釋,

並迅速請有關人員修理或安排顧客到其他收銀口結賬，同時應對耽誤顧客的時間表示歉意。

(7)給顧客找零錢時，要對顧客說「請稍等」。

(8)沒有整錢找給顧客時，應該對顧客說：「真對不起，現在沒有整錢找您了，給您帶來的不便還請多包涵。」

(9)有多位顧客等待結賬，而最後一位表示只買一樣東西且有急事待辦時，對第一位顧客應說：「對不起，能不能先讓這位只買一件商品的先生(小姐)結賬，他好像很急的樣子。」當第一位顧客答應時，應再對他說聲「對不起」以及「謝謝」。當第一位顧客不答應時，應對提出要求的顧客說，「很抱歉，大家好像都很急的樣子。」

(10)在顧客結賬花了較長時間後，應及時說：「對不起，讓您久等了。」

(11)暫時離開收銀台時，應說：「請您稍等一下。」重新回到收銀台時，應說：「真對不起，讓您久等了。」

(12)顧客結賬離開時，應說「謝謝您，歡迎再次光臨」，並微笑目送顧客離去。

(13)顧客要求包裝禮品時，應告訴顧客(微笑)：「請您先在收銀台結賬，再麻煩您到前面的服務台(同時打手勢，手心朝上)，有專人為您包裝。」

三、顧客抱怨應對策略

由於顧客需求的多樣性和複雜性，難免會有難以滿足的情況出現，使顧客產生抱怨，而這種抱怨又常在結賬時向收銀員發出，因此，收銀員應熟練掌握一些應對策略，避免引起糾紛。

⑴遇到有抱怨的顧客時，應該首先仔細聆聽顧客意見，並給予相應解釋。如果自己解決不了，可以對顧客說：「您所反映的問題，我會認真向相關負責人彙報，相信很快會給您合理的解釋的。」

⑵對於顧客提出的其他問題，不知道該怎樣回答時，應該說：「對不起，拜託您等一下，我請店長來為您作解答。」

⑶與顧客爭執、發生衝突時，應控制情緒，儘量以平靜的口氣對待顧客、說服顧客，並迅速報管理層請求幫助。

⑷顧客看錯價格在結款時不滿，收銀員應耐心勸導請其少安毋躁，並立即請當班主管核查價格並告知顧客。

⑸當發現商品價簽與電腦小票的價格不符時。收銀員應及時向顧客道歉，並由收銀主管帶領顧客核實價格後按最低價格結算。

⑹顧客發現收銀員多收或少收顧客錢時，收銀員應及時跟顧客道歉，並通知主管做差價補償。

⑺結賬排隊時顧客發火或製造麻煩，收銀員在接待第一個顧客時，應同時對後面說：「對不起，請您稍候。」若有顧客發火，收銀員應向顧客道歉並及時聯絡主管，疏散顧客。

⑻當顧客不購物卻要換零錢時，收銀員應告知顧客：收銀機只有在顧客交款時，才能打開錢箱找零，未交款時不能幫忙找零。

⑼當顧客不能理解為什麼在收銀台要打開包裝時，收銀員應耐心地向顧客解釋，這樣做是為了保障顧客的利益，檢查商品型號、規格、保修卡、說明書、配件等是否齊全、一致，避免出現不必要的麻煩。

⑽收銀員絕不應有以下怠慢顧客的嚴重影響店鋪形象的情況出現，否則將受到嚴厲處罰。

①收銀員埋頭打收銀機，不說一句話，臉上沒有任何表情。

②沒用雙手將零錢及發票交給顧客，直接放在收銀台上。

③當顧客有疑慮或提出詢問時，講不該講的話，如「不知道」，「不知道，你去問別人」，「早賣光了」，「沒有了」，「貨架上看不到不就沒了嘛」，「你自己再去找找看」，「那你想怎麼樣」，等等。

④收銀員互相聊天、嬉笑，當顧客走近時也不加理會。

⑤當顧客詢問時，只告訴對方「等一下」，即離開不知去向。

⑥在顧客面前批評或取笑其他顧客。

⑦當顧客在收銀台等候結賬時，收銀員突然告訴顧客：「這台機器不結賬了，請到別的收銀機去」，即關機離開，讓顧客重新排隊等候結賬。

四、離開收銀台的操作要點

當收銀員必須離開收銀台時，應注意以下各點要求：

1.離開收銀台時，必須先將「暫停結賬」牌擺放在顧客容易看到的地方。

2.將所有的現金鎖入收銀機的抽屜內。同時將收銀機上的鑰匙轉至鎖定的位置，鑰匙必須隨身帶走，交由相關人員保管或放置在規定的地方。

3.將離櫃原因及回來的時間告訴鄰近的收銀員。

4.在一般情況下，離機前，如還有顧客排隊等候結賬，不可立即離櫃，應以禮貌的態度請後來的客人到其他收銀台結賬，並且為現有的顧客做完結賬服務之後才可離開。如果必須立即離開，也應禮貌地向排隊的顧客致歉。

第 *8* 章
店員必備的商品陳列

　　為達到促進銷售目的，設計並創造良好的購物環境是吸引顧客的基本要求。醒目明亮的店內設計能讓顧客眼睛一亮，簡潔清爽的店內設計能讓顧客感到溫馨的氣氛，合理有序的店內設計讓顧客感到內心的舒暢。

第一節　店內設計與商品陳列

　　店內設計與商品陳列的目的就是希望通過各種直接、間接的管道把商品銷售出去。因此，為達到促進銷售的目的，商品的陳列要針對商品特性加以有效地選擇與組合。妥善地整理分類顯示出商品的魅力，吸引顧客的注意力，促進購買。

一、吸引顧客的店內設計

　　醒目明亮的店內設計能讓顧客眼睛一亮，能讓顧客感到溫馨的氣氛、合理有序的店內設計讓顧客感到內心的舒暢。一句話，良好的購

物環境是吸引顧客的基本要求。以下我們從五個方面分述店內設計對吸引顧客的重要意義。

1. 注意顧客流動的區域

每一位商店店員都應該研究顧客進店以後的活動情形。根據一般研究瞭解，顧客進店以後通常先從櫃檯看起，然後走 6～8 步，而後停下來看貨品陳列，然後再走一小串步子再看。因此商店對於商品的陳列應注意顧客流量最多的區域，以及儘量排完整的商品陳列，使顧客從頭到尾都經過，才不會造成死角，失去售貨機會。

2. 進行最有利的分配

店員在設計貨架時，要將通常最暢銷品排在最前面，次暢銷者次之，依次類推，到後面必須擺設較有吸引力的商品，使顧客能繼續走到最後。此外，店員亦需注意凡屬於顧客會衝動性購買的商品一定陳列在其他必需品附近，以形成乘數作用。

3. 適當添加提示標語

在眾多商品的陳列當中，如果某些商品的旁邊適當位置陳列各種標語，如：新產品、新項目、特惠價、新包裝、新上市、新樣式、特別物品等或標示品質、特色等，時常會增加很大的銷量，宜多加利用。

4. 儘量採用前進立體式陳列

市面上很多商店都採用後退平面式的陳列，由於這種陳列方式的錯誤，使商品的陳列失去了多量感魅力，更易使顧客對貨架上的商品產生陳列不足或缺貨的感覺。

5. 保持清新整潔

商品陳列於貨架上以後，店員應定期檢查貨品標籤有無脫落，有無灰塵，有無汙損等等，力求貨架上商品的清新整潔。

店員靠陳列技巧也可幫助促進商品的銷售，例如：如果一家商店

銷貨金額較大的是 3 元的商品，它平常保持有 50 個陳列數量，現在你如果想促銷 100 元的商品的銷貨量，那麼，100 元商品的陳列量就必須增多，至少也應該和 3 元商品的陳列量一樣，甚至還要更多。然後將它陳列在醒目的位置，我們都知道，商品的暢銷與否，受所陳列位置的影響非常之大。這種方法，也是目前百貨公司大賣場最常用的方法，它們若要大量銷售某一商品時，都會將它陳列在最醒目的位置。

二、店面的設計及裝潢

商店裝潢，有不同的風格，大商場、大酒店有豪華的裝飾，具有現代感；小商場、小店也應有自己的風格和特點。

在具體裝潢上，可從以下兩方面去設計：第一，裝潢要具有廣告效應。即要給消費者以強烈的視覺刺激。可以把商店門面裝飾成怪異的形狀，爭取在外觀上別出心裁，以吸引消費者。第二，裝潢要結合商品特點加以聯想，新穎獨特的裝潢不僅是對消費者進行視覺刺激，更重要的是使消費者沒進店門就知道裏面可能有什麼東西。

總之，商場內的裝潢陳列，主要注意以下幾個問題：

(1)充分利用各種色彩

牆壁、天花板、燈、陳列商品組成了商場內部總環境。不同的色彩對人的心理刺激不一樣。以紫色為基調，佈置顯得華麗、高貴；以黃色為基調，佈置顯得柔和；以藍色為基調，佈置顯得不可捉摸；以深色為基調，佈置顯得大方、整潔；以白色為基調，佈置顯得毫無生氣；以紅色為基調，佈置顯得熱烈。色彩運用不是單一的，而是綜合的。不同時期、季節、節假日，色彩運用不一樣；冬天與夏天也不一樣；不同的人對色彩的反映也不一樣。兒童對紅、橘黃、藍綠反應強

列；年輕女性對流行色的反應敏銳。色彩使用得當，可以把商品襯托得更完美，同時可以把商品缺陷掩蓋，這方面，燈光的運用尤其重要。

(2)商場內最好在光線較暗或微弱處放置一面鏡子

這樣做的好處在於，鏡子可以反射燈光，使商品更顯亮、更醒目、更具有光澤。有的商場用整面牆做鏡子，除了上述好處外，還給人一種空間增大了的視覺感受。

(3)收銀台設置在貨位兩側且應高於貨位

如果僅賣一些常用品，就沒有必要設置。至於商場內貨物擺設，應遵循下列原則：

①美觀商品對門放，日常用品靠門擺。

②相關商品連著擺放，相互影響商品宜遠放。

③大件商品擺放要注意易於搬運。

④暢銷商品貨位勤調整。

⑤貨物佈局要敢於打破常規。

(4)商品的陳列，有時並不一定都要整齊

在一些開架售貨的商店裏，過於整齊的商品排列，常會使顧客產生拘束和陌生感，從而使顧客難以自由挑選。而有時，故意把各種商品堆放在一起，或放在筐裏，或放在地上，來挑選的人反而很多，買的人也很多。

以上這種陳列法，對小店來說，屢屢有效。原因在於這種雜亂無章的堆放有一種方便感和親近感。顧客在挑選時可以無拘無束，那怕翻個底朝天也不會有人責怪，而不必小心謹慎。當然，檔次較高的商店或商品就不適合這種堆放式的陳列。

第二節 利用輔助設備提高吸引力

店鋪是容納顧客、從業人員與商品的空間。如何利用店鋪機能的發揮，而使顧客能夠擁有一個舒適的購物環境。

對於店鋪設備方面，主要分成三個系統來加以說明：

1.店鋪基本設備

店鋪的基本設備主要是針對構造而言，所以大體上可以包括店鋪的規模、形狀、層數、建築結構、建築材料等諸項，為了提供一個舒適的購物空間起見，對於屋頂的高度、全體的形狀面等均應考慮，使整個樓面在各賣場的能見度上、內部移動的順暢上以及樓面的氣氛上都力求舒適感。除此之外，為了使顧客及從業人員在賣場遇到突發事件時有安全感，對於結構的安全性、消防設備的齊全、安全門及安全梯的設置，乃至各項管理上的設備，在進行基本設施安置時均應注意。

2.店鋪內裝設備

店鋪的內裝設備方面、樓面的規劃與商品的組成有密切的關係，因此對於天井、壁面、地面等材料的使用與色調的搭配，均對商品表現影響甚大，所以有關內裝方面的各項細節都要充分考慮到，以提供給商品理想的陳列空間。此外，對於定期或不定期的店鋪改裝作業，是零售業所不可避免的。因此如何運用內裝設備去提高銷售效果，是內裝設計上頗為重要的一環。

3.店鋪附帶設備

對於一家零售店，尤其是大規模的百貨公司，為了提供給顧客整個理想的購物環境，各項附帶設備是不可或缺的要件，諸如冷氣機設備、照明設備、電梯、電動扶梯、休憩設施、盥洗設備、活動廣場、

店內標示、樓面介紹、停車場，等等。這些在銷售促進的帶動上相當重要，無論是照明的效果、顧客的移動、購物的方便性、活動的空間乃至遇到突發危險事故的疏導，均能給予顧客與從業人員以莫大的方便性與安全感。

一、利用照明吸引顧客

有人說商業服務是光和聲的藝術。確實，燈光照明能夠直接影響店堂內氣氛。走入一家照明效果好的商店與另一家光線暗淡的商店，會有兩種截然不同的心理感受：前者明快、輕鬆，後者壓抑、低沉。商店內燈光設計得當，不僅可以渲染商店氣氛，突出展示商品、增強陳列效果，還可以改善店員環境，提高效率，因此作為店員應該懂得利用照明吸引顧客的方法。

1. 基本照明

這是指保持店堂內最低的能見度，方便顧客選購商品。目前大多數商店多採用安裝吊燈、吸頂燈等類燈具，來創造一個整潔寧靜、光線適宜的購物環境。能夠採用自然光的位置，白天可以不必使用燈光照明。有效地利用自然光，既可以展示商品的原貌，還能夠節約能源。

美國新澤西州有一家專營風味點心的商店，開業後生意一直很清淡。經過一段時間觀察，老闆基姆終於意識到其中的問題。原來店內光線太暗，剛出爐的點心儘管很新鮮，但擺在櫃檯上卻給人一種似要黴變的感覺。於是他馬上僱人將店前的磚牆拆掉，改裝成大玻璃窗，陽光直射進來，照得糕點分外新鮮誘人，自然也就引來了大批的顧客。

2. 特殊照明

特殊照明也叫商品照明，是為了突出商品的特質，吸引顧客的注

意而設置的店堂照明。如珠寶首飾，最好在高強度的聚光燈下陳列，燒烤及熟食類則用帶紅燈罩的燈具照明，以增強食品的誘惑力。

3.裝飾照明

這是商店內外燈光系統的重要組成部份，裝飾燈光的設計應與商店整體形象協調一致。如在夜晚用藍、綠等追光燈映射的大廈像一個藍色的島嶼一般醒目，用閃動的鐳射來吸引顧客的注意。大型商店的燈光講究富麗堂皇，中小商店則應以簡潔明快作為燈光設計的標準。營業廳堂的不同位置應該配置不同照明度的燈光，如縱深處照明度就高於門廳，這樣可以吸引顧客的注意，提高購買機會。對於廣告燈箱與霓虹燈的設置，應結合商品銷售，不宜過密過濫。

二、利用音響吸引顧客

通常情況下音響是創造商店氣氛的一項有效途徑。如果商店的音響運用獨到，可以達到促進銷售吸引顧客的目的。

1.吸引顧客對商品的注意

如鐘錶的滴答聲、風鈴清脆空靈的迴響聲、電視音響的播放聲，在各有關的售貨場所，都是正常的令人愉快的聲音，也確實可以吸引顧客對這些商品的注意。

2.指導顧客迅速選購所需商品

如商店隔一段時間向顧客播放一次商品介紹或優惠展銷，指明各大類商品的貨位分佈情況，向顧客提供有用的商品信息。

3.營造特殊氣氛，促進商店銷售

隨著一天時間的不同，商店定時播放不同的背景音樂，不僅給進店的顧客帶來輕鬆、歡愉的感受，也會反映出商店欣欣向榮的氣氛，

以此引導顧客的心境，激發他們購買商品的慾望。

4.服務顧客，增加購買機會

日本伊勢丹百貨公司是一家很有影響的零售企業，他們在每個細微的地方都能體現一種為顧客服務的經營。下雨時，商場會奏起提示音樂，告訴顧客現在外面正在下雨，店員會給顧客買好的商品提供塑膠包裝，以防被雨打濕。雨停了，同樣會奏起音樂，指示雨已停了。伊勢丹把音樂作為為顧客提供良好服務的一種媒體，飲水思源，自然顧客也會流連於商店之中，慢慢選購商品，因而就能增加購買機會。

當然，在商店經營中，並不是所有的聲音都會對商店氣氛產生積極的影響，一些噪音，如櫃檯上的嘈雜聲、內外部產生的聲響，都可能使顧客感到不愉快，急於逃離紛亂的現場，這會對商店的銷售產生一定的不利影響，除非採用消音和隔音設備，但並不是所有購買點都宜選用隔離設施以消除雜亂的干擾聲響。因此，可以被控制的背景音樂則在商店裏被廣泛地運用。

背景音樂的播放有助於商店消除不想要的聲音，同時還會對店員的工作予以配合。但是，如果背景音樂的音量掌握不好，聲音過高，會令人反感；聲音過低，則不起作用。如果全天不加間歇地播放一成不變的背景音樂，那麼極易造成店員的聽覺疲勞，心情煩躁，反而起到適得其反的作用。

針對商店不同的屬性或者商店力求創造的商店氣氛，應選擇不同的音樂種類。如一家高價位商店，一般播放的都是旋律輕柔舒緩的音樂，以營造浪漫溫馨的商店氣氛，使顧客流連忘返；而如果是一家速食店，就應該播放節奏快逸的打擊樂，使顧客快快吃完，快快離開，加速客人的流通。

英國最著名的廉價商店哈樂德在搞大拍賣時，則是一遍又一遍地

播放「哈樂德、瘋狂的哈樂德」一句歌詞，將來自不同社會階層的顧客們全部陷入喧鬧急迫的大拍賣中，傾囊而出搶購價廉質優的商品，這是倫敦的一大盛景。這其中除了低價的誘惑外，也與鼓動人心的歌曲和音響的效果分不開。

三、利用氣味和冷氣吸引顧客

氣味往往比音響、燈火更加令人敏感，令人清新振奮的氣味會牽住顧客的鼻子，讓他們不由自主地走進你的店內。氣味的魅力，只要合理地利用，商家一定會從中受益。

1.巧用氣味吸引顧客

在商店購物時忽然聞見了一股撲鼻的甜香味，腳就不自覺地向氣味散發處走去，這就是氣味的魅力。

大多數顧客對於氣味品質的要求是非常高的。可以毫不誇張地說，售貨場所的氣味，對於創造最大限度的銷售額來說，是至關重要的。花店中的花香，皮革店的皮革味，煙草店的煙草味，以及麵包坊中的甜膩的糕餅味，炸雞烤肉的誘人氣味和茶葉店中的清香味兒，都是與這些商品相協調的，對於促進顧客購買幫助極大。

但是不愉快的氣味也同樣會給商店帶來不好的影響。如飯店地毯牆壁散發出的驅之不盡的油膩味兒，剛裝修好的商店地面、貨架所散發的油漆味兒，打掃不乾淨的洗手間所散發出的怪異氣味兒，都會直接影響顧客對商店的印象和直接的銷售情況。因此，對於不良的氣味，商店應使用空氣過濾設備力求降低它所帶來的不利後果。對正常的氣味，可以有意識地加大它的濃度，促進顧客的購買。國際香料香味公司特別製作了蘋果餡餅、巧克力餅乾、新鮮義大利肉餅、烤火腿

和法國油炸食品的芳香，並定時在商業區釋放這些香味，吸引顧客購買，取得良好的效果。

對於某些商品的氣味也應適當控制，如化妝品櫃檯香水的香味會促進顧客對香水或其他化妝品的需要，但太強烈的香味，會使顧客一時嗅覺失靈，引起反感。

香型不一的商品最好應隔開一段距離，如化妝品櫃檯與食品櫃檯，兩種氣味不同，若是相鄰而生，是會彼此影響的，例如因茶葉有較強的吸附性，最好別與出售香水、樟腦丸、食品、肥皂等商品的櫃檯毗鄰，否則，極易影響茶葉的品質。如有條件，商店應單令其隔出一塊場所，只賣茶葉。

2. 利用冷氣吸引顧客

炎熱的夏季裏，常看見一群群顧客向大商場中走去，他們多是衝著商場的冷氣而去的，這就是商場內冷氣的作用。

商店內顧客流量大，空氣極易污濁，為了保證店內空氣清新通暢，冷暖適宜，應採用空氣淨化措施，加強通風系統的建設。通風來源可以分自然通風和機械通風。採用自然通風可以節約能源，保證商店內部適宜的空氣，一般小型商店多採用這種通風方式。而有條件的現代化大中型商店在建造之初就普遍採取紫外線燈光殺菌設施和空氣調節設備，用來改善商店內部的環境品質，為顧客提供舒適、清潔的購物環境。

當然，商店的冷氣應遵循舒適性原則，冬季應達到溫暖而不燥熱，夏季應達到涼爽而不驟冷，否則會對顧客和店員產生不利的影響。如冬季暖氣開得很足，顧客從外面進商店都穿著厚厚的棉毛衣，在店內待不了幾分鐘都會感到燥熱無比，來不及仔細流覽就匆匆離開商店，這無疑會影響商品銷售。夏季冷氣習習，顧客從炎熱的外部世

界進入商店，會有乍暖還寒的不適應感，抵抗力弱的顧客難免出現傷風感冒症狀，因此在使用冷氣時，維持舒適溫度和濕度是至關重要的。

第三節　使用店面廣告進行促銷

店內張貼懸掛的各式產品宣傳、介紹廣告簡稱為「POP」。它具有推動銷售，建立品牌知名度，增加利潤，使人認識、喜歡商品，以及刺激助長購買慾望的特點，所以常常在商店裏見到這種陳列方式。

1. POP 的種類與運用

⑴印製的 POP

①海報

要放置(貼)於消費者最常走動的路線上，如入口處的玻璃、商品陳列處、店外等。同時要注意保持整齊，不要被其他海報遮擋，要定期更換。

②貨架標籤、標誌

用在商店貨架或超市堆箱上，使顧客對此處出售的商品大類一目了然。陳列時，要注意保持整齊、清潔，不要擋住商品。

③櫃檯展示卡

用於櫃檯銷售，可放置於商品上或商品的前方。如果櫃檯位置的面積較小時，要避免展示卡影響顧客拿取商(樣)品。

④掛旗和掛幅

懸掛於店內的走道上方、店頭內口，以及商品上方。此類 POP要注意定期更換，內容要與商店活動相符。店中店則要取得商店的同意，方可懸掛。

⑤窗貼

用於商店入口處的門窗或面臨街道的窗戶。在陳列時要注意保持窗貼的整潔、不變形，最好能配合其他 POP 一起使用。

⑥櫃檯陳列盒

多用於商店櫃檯和超市的收銀台。要注意平日裏有足夠的貨量，方便顧客拿取，最好能配合商品的介紹手冊或宣傳單。

⑵人工繪製的 POP

這種情況往往發生在商店做臨時性的促銷活動，現場又沒有公司印製 POP 時，店員應立即採取人工製作的方式，製造店內的氣氛，以吸引顧客的視線。在手工繪製時要注意 POP 的整齊和清潔，不可出現亂塗一氣、主題不清的現象，反而影響了商品的形象。當然，繪製 POP 前商店應隨時準備好製作的工具，如大紙、彩筆、膠條等。店中店則可以請商店的專業人員協助製作各種規格、顏色、圖樣的 POP。

2.注意事項

通常，商家在利用廣告進行促銷時，應注意以下事項：

①應固定放置(貼)於顯眼處，不可被其他物品遮擋。

②海報與貼紙應接近顧客的水平視線，不可過高或過低，張貼要穩固。

③產品宣傳頁等用於散發的宣傳品，要放置於顧客方便看到和可取之處。

④要及時檢查、更換受損和過時的廣告品。

第 *9* 章

接近顧客的技能

　　店員接近顧客，是為顧客提供服務的第一步。但接近顧客的時機往往難以掌握。店員要學會分析與觀察不同類型的顧客，通過語言拉近與顧客的感情距離，增進人際感情，進而才能促成購買行為。

第一節　店員接近顧客的時機

　　店員接近顧客，是他們為顧客提供服務的第一步。接近的語言藝術，是指通過語言拉近店員與顧客的感情距離，淡化買賣關係，增進人際感情，進而才能促成購買行為。

　　對於店員來說，接近顧客的時機往往難以掌握。顧客看商品時，店員毫不理會，裝作沒看見，顧客便很可能打消購買念頭，轉身離去，失去接近機會。顧客剛走進櫃檯，尚來不及細看，店員便急切地招呼買賣，這同樣會失去機會。當發現顧客在某件商品前停下腳步細看，或用手觸摸商品時，店員上前打招呼較為適時。

　　店員與顧客打招呼應因人而異。一般來說，進入購物場所的顧客

有以下三類：

1. 既定目標型顧客

這類顧客是專程來購買某種商品的。他們進來後，很少左顧右盼，而是腳步輕快，徑直向某一櫃檯走去。店員應適應他們的急迫心理，主動接近，輕聲打招呼，迅速完成服務過程，不要在打招呼的環節上出現延遲現象。

2. 閒逛型顧客

這類顧客的購物目的並不明確，但如果他們發現合適的商品就會產生購物動機。這類顧客以女性居多。對於這類顧客，店員切忌立即上前去打招呼，而應營造一種輕鬆自由的氣氛，有意使他們感到並沒有人在注意其行動。同時，注意觀察顧客的眼光由遊弋轉為集中，由眼觀轉為用手觸摸，並顯露出鑑別、比較及探究的神情時，店員就應及時靠近顧客，比較隨意地打招呼。

3. 旁觀型顧客

這是沒有購物目標的一類顧客。他們進店後只是漫無目地四處逛，或隨意掃視貨架、櫥窗。對於這類顧客，店員不要打擾他們，而應該讓他們自由自在地看，他們也許是「潛在」的顧客。

總之，店員把握好與顧客打招呼的時機十分重要，這會為成功交易奠定重要的基礎。

第二節　店員接近顧客的具體方法

一、接近顧客的方法

除了要注意接近的時機，店員還應注意接近的方法。一般可以採用以下方式接近顧客：

1.主動提供服務

店員接近顧客應主動靈活，以親切自然的語氣向顧客表達出提供幫助的意願。介紹時，要聲調真誠、悅耳、適度。聲音太高太強，使顧客感到生硬無禮；聲音太低太弱，會使顧客感到沉悶乏力；聲音太短促或拖長則顯得不耐煩。最好顯得隨意而誠懇。如「您來啦」就比「您買什麼」更顯親切；「給孩子挑玩具呀」就比「買什麼玩具」更有餘地；「您好，今天剛到不少新款式，您先看看」就比「買什麼鞋，我給您拿」更少強迫性。這些接近顧客的方式，可以不對顧客構成直接壓力，而且體現了對顧客的充分尊重，從而讓顧客獲得了心理上的滿足。店員在運用這種方法表達時，要注意必須把握住分寸、時機，不讓顧客有突如其來的感覺，這樣才能收到好的表達效果。

2.尋找與顧客的相同點

人往往樂於接受與自己在某些方面相同的人的意見。顧客在購物時，也願意找到這些人做自己的參謀。如果店員的某些方面與顧客相同，則無形中會縮短雙方的距離。如以下幾例服務語言：

⑴聽口音，您是上海人，我父親也是上海人。

⑵我也喜歡這個顏色。

⑶我從前也幹過司機。

⑷咱們都是掙薪水的，還是實惠點好。

⑸您和我哥哥身材差不多，這件挺合適的。

以上語言分別尋求的是戶籍相同、愛好相同、職業相同、地位相同、體態相同。這種方法要求店員有較高的判斷能力和攀談能力，但不能牽強附會。

3.發出問候

利用問候方式接近顧客，能夠很好地調節氣氛，從而營造友好的合作關係與和諧的環境。如：「您好」、「早上好」、「歡迎光臨」。

這就要求店員不僅要用清亮悅耳的聲音傳遞熱情的問候，而且要注意面部表情、身體姿態與之相配合，如身體站直，微微頷首，面帶微笑，雙目注視顧客，使顧客感受到店員的誠意與熱情。

4.讚美顧客

顧客在購物過程中，很希望聽到店員的讚美。它不僅使顧客感到心理上的滿足，也有效地拉近了雙方的距離，從而激發起顧客購物的慾望。店員讚美顧客的最佳時機是在顧客試看、試穿或試用的時候。例如：

「您看這顏色多高雅，您穿著顯得氣度不凡。」

「這件衣服太合您體了，穿著年輕多了！」

而當顧客挑剔商品或準備成交時，叮說這樣的讚語：

「一看您就是內行，我猜您是做××的！」

「小姐，您真會買東西！」

「我知道您是老顧客了，歡迎您再來！」

對於顧客的讚美也應因人而異，把握住不同顧客的心理需求。例如，帶小孩的年輕母親，更喜歡別人誇她的小孩；未婚的女性，則喜歡別人誇她的男朋友；中年人喜歡誇他的事業和成就；老年人喜歡誇

他的閱歷和經驗⋯⋯店員只要能巧妙而得體地讚美自己的顧客，就能取得極佳的促銷效果，但一定要誇而有度，不能給人留下吹捧的印象。

5.談論商品

店員直接向顧客介紹正在關注的商品是接近顧客的一種巧妙而自然的方法。這種方法也可以有多種介紹形式：

(1)直陳益處和實惠

指利用顧客購買該商品可得到的益處或實惠打動顧客，以引起顧客的注意與興趣。如「這種折疊床可以放開做床，也可以折起來做沙發，方便實用，而且比目前市場上的同類產品便宜三成。」

(2)激勵顧客情緒

指利用激烈性言辭將顧客的情緒激發起來，引發美好聯想。

例如：「湯圓！又圓又大的湯圓！吃了湯圓好團圓那！」店員有意將「湯圓」和「團圓」聯繫到一塊兒，以引起顧客的美好情思，激發顧客的購買慾。

(3)介紹商品特性

利用商品新穎獨特的特點吸引顧客購買，這也是一種巧妙接近顧客的方法。例如：

「這是無氟冰箱，無公害、無污染」。

「這種兒童碗耐摔、耐碰」。

一般來講，直接介紹商品的接近方法，要求店員瞭解較多的商品知識，使介紹內容準確、可信，能較快引起顧客的興趣。

二、稱呼顧客的藝術

店員接近顧客首先要注意的是稱呼顧客的語言藝術。稱呼顧客是

店員接近顧客至關重要的一步。

　　店員恰當得體的稱呼，會使顧客感到親切愉快，能夠促進買賣雙方感情的交流，推進生意向成交的方向發展。

　　店員在稱呼顧客時，應充分注意顧客的年齡、性別、職業、職務、身份特點、性格、心理、文化素養和風俗習慣等，親切、禮貌、準確地選用稱呼語。如對老年顧客，應稱「大爺」或「先生」，對中青年人可稱呼「先生/女士」、「小姐」，對少年兒童可稱呼「小朋友」、「小弟弟」、「小妹妹」等，對外賓可稱為「先生」、「夫人」、「小姐」，等等。「您」是尊稱，「請」要多用；「早上(下午、晚上)好！這裏是××商場(店)，歡迎各位光臨」、「我們竭誠為您提供各項服務」等，會使顧客感到你的親切、週到和熱情。

三、使用敬語的方式

　　店員接待顧客用語最困難的在於尊敬語的使用。在服務中由於對象不同，使用的尊敬語也有區別，這種服務尊敬語的使用方法不是一朝一夕就能學成的。

　　一般來說尊敬語大多在依社會觀點來說地位上比自己高的人(前輩、上級、顧客)面前使用。

　　但作為店員其使用有所不同，它分為：

　　1. 接待顧客時的使用

　　⑴接待顧客時

　　①歡迎光臨。

　　②謝謝惠顧。

(2)不能立刻招呼客人時

①對不起,請您稍候!

②好!馬上去!請您稍候。一會兒見。

(3)讓客人等候時

①對不起,讓您久等了。

②抱歉,讓您久等了。

③不好意思,讓您久等!

2.拿商品給顧客看時的使用

(1)拿商品給顧客看時

是這個嗎?好!請您看一看。

(2)介紹商品時說:

我想,這個比較好。

3.將商品交給顧客時的使用

①讓您久等了!

②謝謝!讓您久等了!

4.收賬時的使用

(1)收貨款時

謝謝您!一共 800 元。

(2)收了貨款後

這是 1000 元,請稍候一會兒。

(3)找錢時

讓您久等了!找您 250 元。

(4)當顧客指責貨款算錯時

實在抱歉,我立刻幫您查一下,請您稍候!

⑸已確定沒有算錯時

讓您久等了，剛剛我們算過，經辦人說，收了 250 元沒有錯，能否請您再查一下。

⑹找錯錢時

讓您久等了，實在對不起，是我們算錯了，請您原諒。

5.送客時的使用

①謝謝您！

②歡迎下次光臨！謝謝！

6.請教顧客時的使用

⑴問顧客姓名時

①對不起，請問貴姓大名？

②對不起！請問是那一位？

⑵問顧客住址時

①對不起，請問府上何處？

②對不起，請您留下住址好嗎？

③對不起，改日登門拜訪，請問府上何處？

7.換商品時的使用

⑴替顧客換有問題的商品時

實在抱歉！馬上替您換(馬上替您修理)。

⑵顧客想要換另一種商品時

沒有問題，請問您要那一種？

8.向顧客道歉時的使用

①實在抱歉！

②給您添了許多麻煩，實在抱歉。

四、語言藝術

語言是一門精深的藝術，要想獲得更好的語言藝術，做一個優秀的店員，還必須掌握更多的語言藝術。

1.要多用肯定句，少用否定句

肯定句與否定句意義恰好相反，不能亂使用，但如果運用得巧妙，肯定句可以代替否定句，而且效果更好。例如，顧客問：「這種衣服還有紅色的嗎？」店員回答「沒有」，這就是否定句，顧客聽了這話，一定會說「那就不買了」，於是轉身離去。如果店員換個方式回答，顧客可能就會有不同的反應。例如店員回答：「真抱歉，紅色的進貨少，已經賣完了，不過，我覺得藍色和白色和您的氣質更相稱，您可以試一試。」這種肯定的回答會使顧客對其他商品產生興趣。

2.採用先貶後褒法

店員在介紹商品時，要實事求是，但對商品的優缺點介紹卻應有所側重，請比較以下兩句話：

「價錢雖然稍高一點，但品質很好。」

「品質雖然很好，但價錢稍微高了一點。」

這兩句話除了順序顛倒以外，字數、措詞沒有絲毫變化，卻讓人產生截然不同的感覺。先看第一句，客觀存在的重點放在「價錢」高上，因此，顧客可能會產生兩種感覺：其一，這商品儘管品質很好，但也不值那麼多；其二，這位店員可能小看我，覺得我買不起這麼貴的東西。仔細一分析，第一句，它的重點放在「品質好」上，所以顧客就會覺得，正因為商品品質很好，所以才這麼貴。

總結上面的兩句話，就形成了下面的公式：

①缺點→優點＝優點；

②優點→缺點＝缺點。

因此，在向顧客推薦介紹商品時，應該採用公式 1，先提商品的缺點，然後再詳細介紹商品的優點，也就是先貶後褒。此方法效果非常好。同時要注意言詞生動，語氣委婉。

請看下面三個句子：

「這件衣服您穿上很好看。」

「這件衣服您穿上很高雅，像貴夫人一樣。」

「這件衣服您穿上至少年輕 5 歲。」

第一句話說得很平常，第二、三句比較生動、形象，顧客聽了即便知道你是在恭維他，心裏也很高興。

除了語言生動之外，委婉用詞也很重要。對一些特殊的顧客，要把忌聽的話說得中聽，讓顧客覺得你是尊重和理解他的。例如對較胖的顧客，不說「胖」而說「豐滿」；對膚色較黑的顧客，不說「黑」而說「膚色較暗」；對想買低檔品的顧客，不要說「這個便宜」，而要說「這個價錢比較適中」。有了這些語言上的藝術處理，顧客會感到十分舒適。

3.多用「是、但是」法

店員在回答顧客異議時，這是一個廣泛應用的方法，它非常簡單，也非常有效。具體來說就是：一方面店員表示同意顧客的意見，另一方面又解釋了顧客產生異議的原因及顧客看法的片面性。例如，一家植物商店裏，一位顧客正在打量著一株非洲紫羅蘭。顧客：「我一直想買一棵非洲紫羅蘭，但聽說開化很難，我的一位朋友家的就從沒開過。」

店員：「是的，您說得對，很多人的紫羅蘭開不了花。但是，如

果您按照規定要求去做，它肯定會開的。這個說明書將告訴您怎樣照管紫羅蘭，請按照上面的要求精心管理，如果仍不開花，可以退回商店。」

你看，這位店員用一個「是」對顧客的話表示贊同，用一個「但是」解了紫羅蘭不開花的原因。這種方法可以讓顧客心情愉快地改變對商品的誤解。

有時，顧客可能提出商品某個方面的缺點，店員則可以強調商品的突出優點，以弱化顧客提出的缺點。當顧客提出的異議是基於事實依據時，可採用此方法。例如：

店員說：「這種沙發表面是用漂亮的纖維織物做成的，但坐在上面感覺很柔軟。」

顧客：「是很柔軟，但很容易髒。」

店員：「您說的是幾年前的情況了，現在的纖維織物都經過了防汙處理，而且具有防潮性，假如沙發弄髒了，污垢是很容易除去的。」

4.常用問題引導法

對於欲購買商品的顧客，店員有時可以通過向顧客提問題的方法引導顧客，讓顧客自我排除疑慮，自己找出答案。例如，一位顧客進入商店看鼓風機：

顧客：「我想買一台便宜點的鼓風機。」店員：「便宜的鼓風機一般都是小型的，您想要小一點的嗎？」顧客：「我想，大概折價店裏的會便宜一點。」店員：「可是那裏的鼓風機品質和我們的比較起來怎麼樣？」顧客：「哦，他們的鼓風機……」通過提問，店員讓顧客對各種型號的商品都熟悉了，以幫助顧客進行客觀的比較。

5.巧用展示流行法

這種方法就是店員通過揭示當今商品流行趨勢，勸導顧客改變自

己的觀點，從而接受店員的推薦。這種方法一般適用於對年輕顧客的說服。例如，一位父親想給年輕的兒子買輛賽車，他們來到一家車行。兒子想要一輛黑色的賽車，但已脫銷，店員勸他買別的顏色，但是那位年輕人固執己見，非要一輛黑色的不可。這時，經理過來說：「您看看大街上跑的車，幾乎全是紅色的。」一句話，使這位青年改變了主意，欣然買下一輛紅色的賽車。

6.直接否定法

當顧客的異議來自不真實的信息或誤解時，可以使用直接否定法。例如，一位顧客正在觀看一把塑膠柄的鋸。顧客：「為什麼這把鋸的把柄用塑膠而不用金屬的呢？看起來是為了降低成木。」

店員：「我明白您的意思，但是改用塑膠把柄絕不是為了降低成本。您看，這種塑膠很堅硬，和金屬一樣安全可靠。很多人都喜歡這種樣式，因為它既輕便，又很便宜。」

此處用了直接否定法直接駁斥顧客的意見，店員只有在必要時才能使用。而且，採用此法說服顧客時，一定注意語氣要柔和、婉轉，要讓顧客覺得你是為了幫助他才反駁他，而不是有意要和他辯論。

心得欄

第 *10* 章
妥善地接待顧客

在店員與顧客建立關係之前，先需要接待顧客，令他覺得與你交易感到舒適。其次要向他提供合適的貨品，服務則會使購物成為客人的愉快經歷。

第一節　在第一時間就接待顧客

顧客服務由客人踏入你店鋪的那一刻就開始了。當你與顧客建立關係之前，你先需要接待顧客，令他覺得賓至如歸、與你交易感到舒適。有些專家說，一個店員有大約 10 秒鐘去接待剛光臨的顧客，以給他留下好印象。時間很短，所以你要充分利用每一秒。

最初的招呼應該做到以下幾點。

1.表示知道顧客的存在

最重要的是，不要讓顧客等得太久。研究顧客行為的專家發現，如果顧客等了 30～40 秒才獲得店員招呼，他會覺得像是等了 3～4 分鐘，要儘量和顧客延伸接觸。就算你是正在幫助另一個顧客，你也可以請他等一下，然後跟剛來的客人說你很快就會去幫助他。你也可

以請一位同事去幫助剛來的客人。這些為顧客著想的態度，可以令顧客有多等幾分鐘的耐性。總之不可以讓顧客感到沒人理會，否則他會覺得，他將會得到不好的服務——這第一印象是很難改變的。

2.展現自己專業而友善的形象

衣著要看起來顯得專業，因為它還關乎機靈和禮貌的行為。你需要選擇適合你店鋪的衣著，例如，高級服裝店或許該作商務打扮，而五金店就該穿便服。但是，要營造正面形象，向顧客顯示出你樂意幫助他，也是同樣重要的。微笑永遠都能直接顯示你的熱情和友善——要用眼和嘴巴去微笑。

嘗試以自然、輕鬆的方法去招呼客人。你可以用下雨天來打開話匣子，例如：我相信你現在一定覺得這兒很好——外邊的天氣這樣糟！或許客人會做出有趣的回答，令你發現他有很好的幽默感。你可以表示，你很欣賞他說的話。

3.尋找話題展開對話

如果問：「有什麼我可以幫忙的？」或者「要我幫你找些什麼嗎？」可能換來令對話終結的回應如「不用了，謝謝你」或「我只是隨便看看」。

你應該觀察顧客，找出一些線索來打開話匣子。如果客人正在試用一件貨品，要留意他的反應，做出適當的回應。

顧客：「唔，這潤膚露不錯。」

店員：「那是我們最受歡迎的系列，我自己也有用那種潤膚露。」

又例如顧客在床墊上試坐時說：「這床墊很結實啊。」你可以說：「在一張優質的床墊上睡一個好覺，第二天起床人也特別地精神。床墊太軟是不行的，你說對嗎？」你要這樣和客人展開對話，讓你可以知道客人需要什麼。當客人感覺到你明白他的需要，他自然就會尋求

175

你的協助。

4.語氣要肯定，但不要催促

你說話的內容和方式，應該配合顧客的個性和情緒。例如，對方表現出害羞保守，你就不要好像和他很熟似的談話。對較為外向的顧客，幽默也不要表現得太過分。要機靈，要明白這是在認識對方的階段，而不是要馬上建立友誼。不要太早給顧客太多關注，才可令顧客感到舒適。

讓顧客知道，你會以他喜歡的方式去幫助他。在顧客流覽貨品時，店員在附近徘徊看著，會令顧客感到不安。你應該對顧客在看的貨品做出正面的評價，以表示你對顧客的適當關注，例如：「這些砂紙是我們店裏品質最高的。」這種比較溫和的手法，可以達成三點：①讚賞顧客的口味；②認同顧客是專家；③展示了你對產品物有所值的認知。

這三點都有助於替你和你的店鋪給顧客留下好印象。如果你提出幫忙而顧客予以拒絕，就不要勉強。你可能是誠意想幫忙，但顧客會覺得你太急進了。你必須留給顧客一定的空間，讓他有機會輕鬆地流覽貨品。客人可能當時不需要你的協助，但待會兒就需要。

5.向對方所有同行者都要打招呼

以上所述及的，都是顧客一個人購物時的情形。但很多時候，你遇到的顧客都是與朋友、小孩、年老的親屬或伴侶同行的。要給顧客留下好印象，對與顧客同行者提供良好服務，也是十分重要的。例如，當你與顧客在審閱文件時，可給其同行者一張舒適的椅子坐。你又可以問那位同行者要不要給他送上一杯水，或一些報紙雜誌，讓他在等候時閱讀。帶著吵鬧孩子的顧客，可能看起來會很苦惱。你可以讚美孩子幾句，以緩解他的壓力，或者當你在協助客人時，給孩子一件玩

具玩。最重要的是，你要讓顧客知道，你願意盡可能給他提供援助。

6. 令生客變熟客

你友善的招呼，是與顧客建立良好關係的第一步。要那位顧客以後繼續光臨，你需要讓顧客知道，你的職責就是為他服務。假設你協助客人找到最適合他的微波爐（他希望爐的槽夠寬，可以放得進整隻烤雞），並且你向他說明它有很好的保修條款（兩年，不是一般的六個月），以及向他保證，這是一件可靠而受歡迎的產品。

購買微波爐的客人開始對你產生信任，因為你照顧了他的所需、給他提供了很好的資料，這是你建立客人信心的初步。小心地聆聽，你還會找到其他線索，知道將來可能會怎樣幫到他（例如當他談到微波爐顏色時，提及正在改動房子裏面的佈置，所以影響到他對顏色的選擇）。當你完成這宗交易後，你要告訴他，你很高興這次能夠幫到他，希望下次還有這樣的機會。如果你有名片，給客人一張，讓他下次可以指名找你（你也可以把名字寫在單據上）。

對服務感到滿意的顧客，日後要買其他東西時，會再來找你協助。他們還可能向朋友或生意夥伴推薦你和你的店鋪。他們相信你瞭解他們的口味和喜好，可能會視你為他們的購物專員。現在他們認識你、信任你，會把你給他們的尊重回贈給你。

市場調查顯示，有 45% 的顧客會有可能因店員的熱誠幫助而增加花費；另一方面，有 18% 會因為不滿意店員的態度而離開店鋪。

至此可以看出，你在與顧客建立關係方面做的工作有多麼有力、多麼重要。以短期目標而言，你的僱主期待你每一天會做到足夠的生意。但你僱主的第一目標，是要有熟客因為店鋪的服務好而長期光顧。真正的回報，從做生意的角度來看，善待顧客當然是好事，他們再回來買東西的機會更大。此外，你知道自己能夠幫助到別人，也可

177

以有滿足感。如果在交易完成後很久，顧客仍對這次購物留有良好的回憶，那就每一方都有所得──店鋪、客人，還有你。你與一位新顧客成功展開了一段關係，有人覺得你是一個熱誠助人的店員，你自己也會感覺信心倍增、有所成就的。

第二節　不要用同一方法接待不同性格顧客

小姚是一家便利店店員，一次一位四十多歲的中年人在店裏買了一箱白酒，收銀時收銀員開箱驗看，結賬過後顧客急匆匆地讓小姚重新把箱趕快封好，自己站在旁邊一邊等候一邊用腳打拍子。

小姚仔細地把箱口用寬膠帶封上，發現箱子一邊接線處有裂縫又用膠帶把接線處貼好，箱子封的很整齊，小姚還細心地用膠帶在箱子上做了一個「拎手」以方便顧客。這時中年顧客開始臉色陰鬱地嚷嚷：「還有完沒完，不就是封個箱嗎？這麼費勁呢！瞧瞧，浪費我五分鐘！」

小姚很委屈：仔細封箱有什麼不對，熱心服務還要被指責，太可氣了！

小姚細心工作的態度是值得嘉許的，但是作為店員，他對顧客性格的把握很明顯不到位。案例中的顧客應該是一位性格比較急躁的人，做什麼都求速度快，從他的一些小動作就可以看出這一點。這樣的情況下，小姚應該動作乾淨俐落地封箱，而不是細緻而緩慢的工作。

店員在實際工作中，可能接觸到不同性格的顧客，有的顧客熱情爽朗，有的顧客刁鑽挑剔，對店員來說能夠把握顧客的性格，投其所

好地提供服務非常重要，只有如此才能促成銷售的達成，只有如此才能塑造良好的店鋪形象，以及給顧客留下美好的個人服務印象。

第三節　找出適合顧客的貨品

不論你們店鋪經營的範圍是什麼，要令顧客滿意，向他提供合適的貨品是非常重要的。一個人的居所面積不大，他可能會需要一個可放在洗衣機上的乾衣機，而不是一個獨立放置的乾衣機。為孩子買牛仔褲的父母，可能會想要稍大的尺碼，以便孩子大一點時還可以穿。選購灌木的園丁，需要考慮植物的高度、生長速度和強壯程度。你的職責是發問，以協助判斷那些貨品是合適的，然後提供給顧客選擇。

「合適」有時可以是非常敏感的題目。如果你是售賣衣服鞋襪的，你終會需要問：「什麼尺碼？」這是非常個人的資料。不要以一個評審的角度來回應顧客，也不要反駁顧客。如果顧客不願意直接答覆你，就要想出其他方法來幫忙。得體的做法參考如下：

Nordstrom 百貨公司男裝部的傳奇銷售員派特‧麥卡錫在暢銷書《The Nordstrom Way》中描述，他是怎樣處理「合身」這個問題的：

「我會建議顧客試穿外衣，以確保尺碼合適。這樣子，我開始和顧客聯繫，聯繫是必要的。」

因為麥卡錫有195cm高，所以他與顧客建立聯繫時，要特別小心。

如果顧客長得比一般人矮，麥卡錫會打趣說：「我敢打賭，合我尺碼的衣服比合適您的少。」

總而言之，麥卡錫是在告訴客人「他並不古怪……重要的是，我

179

們已建立了聯繫」。在售貨過程中，輕鬆地向客人提問，因為「你掌握的資料越多，你就可以做得更好。要問客人他做什麼行業，他上班時穿什麼衣服」。

1. 從顧客處取得提示

很多時候，最好的做法是由客人自己提供尺碼資料。先問他要不要你拿衣物給他試穿。如果他回答「好」，問他想試穿什麼尺碼的。你也可以說，因為不同牌子的尺碼會有差異，所以提議拿幾種尺碼給他。給予顧客資料，幫助他縮小找尋範圍。例如，告訴客人，他選擇的牌子尺碼較一般為小、長或寬，並提出把可能符合客人需要的牌子、款式、尺碼介紹給他。

如果一位身材非常健碩的男士正在看一張對他來說可能是太小的椅子，你是否應衝上前阻止他坐上去？當然不是。你可以問他一些問題，讓你更清楚地瞭解他的需要：他是自用，還是買給其他人呢？椅子是每天都會坐還是偶爾坐坐？客人家居的佈置是那一種風格？你得到的資料，可以幫助你判斷那些貨品符合顧客的特殊需要，包括椅子的耐用程度——如果那是買給他自己坐的話。

2. 額外的服務

給顧客找出符合其需要的貨品，比起引導顧客考慮不同的尺碼所花的工夫可能會更多。有些顧客可能需要特別訂購貨品、按需要訂造、修改或裝備配件，以符合他們的特定要求。有很多畝草地要打理的園丁，也許會想訂一架特大的剪草機。身材比一般人矮小的人，購買新外衣時或會需要修短衣袖。買了新爐具和抽油煙機的人可能會需要給他現有的排氣管買一個接合器。一架新卡車的車主，大概需要的會是塑膠車地毯而不是圖案地毯。如果你能花時間去瞭解你的顧客，就可以做出建議，擴大顧客的選擇範圍。但不要自以為你知道顧客需

要些什麼，你必須發問。那位新卡車的車主，可能把那些地毯放在車內之後，是駕車去上班，而不是前往建築工地。你要發問，並向顧客道出任何可能幫助到你滿足顧客需要的額外服務。然後，讓顧客告訴你他需要什麼，做個好的聆聽者，你必然有所得。

第四節　向顧客提供充足的資訊

　　一個吸引人的零售環境和一位友善、樂於助人的店員，是使顧客購物增加樂趣的兩大基本要素。很多店鋪現在特別增設額外的設備，務求使顧客有賓至如歸的感覺。例如，書店常會有墊得又軟又厚的椅子和閱讀燈，讓喜歡流覽書籍的人舒適地細閱商品。而專門售賣兒童遊戲和手工藝品的店鋪，大都會有一兩張小桌子和一些小椅子，放著許多蠟筆和紙張，讓孩子在父母購物期間做他們最喜歡的事——發揮創意。你工作的店是否提供這些設備，你可能控制不了，但你可以向顧客提供小小的好意，從而使購物成為客人的愉快經歷。

　　要協助顧客滿足個人需求，你應該熟悉你的店鋪裏面和附近的資源。知道以下問題的答案，可以使你和你的店脫穎而出。

　　顧客購買的禮品可以在那裏包裝？

　　附近有沒有郵寄服務？可以買到郵票嗎？

　　顧客要買食物和飲品、稍稍歇息、料理嬰兒或等候朋友可以到那裏？

　　最近的公用電話在那裏？你可以找換零錢給顧客打電話嗎？又或者更好的是，你的店能借電話給顧客使用嗎？

　　最近的銀行自動取款機在那裏？

店裏有沒有信貸辦事處？有沒有顧客服務部？

最近的補鞋店在那裏？藥房在那裏？加油站在那裏？

你的店是否提供在貨品上替顧客刻名字的服務？

附近有沒有裁縫？

你的店裏有沒有禮品登記處？

店裏有沒有僱員會說其他語言？

有沒有優惠計劃（如折扣、回贈、常客優惠等）能讓顧客參與？

你們有沒有免費送貨？

有沒有儲物櫃或臨時寄存處讓顧客暫時存放小件物品？

店裏或附近是否有人看管的兒童遊戲區或日間托兒中心？

你的店有沒有商品目錄？你能否把顧客加到目錄郵寄名單上？

……

有很多方法可以向顧客展示，你和你的店對他們的光顧銘感於心。如果你對自己這份店員的工作認真，你就會找到獨特的方法向顧客表示：你關心他們。一個簡單的做法是，確保他們知道你公司提供的所有支援服務。店鋪政策，可能包括的有：

1. 修改貨品

如果顧客需要修改貨品或定做貨品時，你要：

⑴說明每項收費；

⑵安排有關服務；

⑶確保修改後的貨品符合顧客所需。

2. 裝配貨品

雖然出售 DIY（自製）材料的生意日趨蓬勃，但是仍有些人希望貨品是出於專業工匠之手。如果你的店有安裝服務，就要向顧客說明安裝需要費用若干。有些零售店還會為顧客裝配未裝好的貨品，或替顧

客把需加工的傢俱加工。如果顧客知道一家店有提供這些貨品的支援服務，他們大多會再回去光顧。

3.特別活動

如果店鋪將會舉辦減價或其他推廣活動，你要告訴顧客。顧客為了這些活動而再來店鋪的話，你又多了一個銷貨機會！

將一些你覺得對顧客有裨益的特別活動，如清倉大減價、貨品使用示範、工作室或廠商代表來店等通知他們，可以讓他們知道，你和你的公司真的關心他們的需要。

4.付款方式

有些零售商設有特別的付款方式或信貸計劃，視生意的種類和規模大小而定。付款方式包括：

⑴付定金。顧客付一筆定金留住貨品，當付足全數時便可將貨品提走。期限通常為數個月。

⑵開設賬戶。通過信用卡或信用賬戶付款，這些賬戶有時是由店鋪自己管理，而非銀行管理。如果客人在購物時開戶，有些店鋪會給予折扣。開戶後，日後賬戶持有人也可能會獲得獨有的購物折扣。

⑶免息信貸購物。如果貨品昂貴，而顧客又能在指定日期付足全數，有些店鋪會視做現金交易處理。免息期可長達三個月至一年。

5.常客優惠

常客優惠計劃在零售業越來越流行。咖啡店提供第十杯免費服務，吸引顧客再次光臨。有些廚具店會記錄著你買過的東西，當你買夠八套晚餐用具，就會多送你一件。甚至連藥房也開始舉辦優惠，只要在六個月內購物滿一定金額，就可獲 10% 的回贈。如果你的店鋪有這類的優惠計劃，記得一定要告訴你的顧客，並小心解釋條款，提出替他們辦理參加手續。

6.郵寄資訊

問一問顧客,他們是否想將自己的名字加到店鋪的郵寄名單上,單上有名的顧客通常會收到一般人得不到的特別傳單或優惠券。

7.禮品登記

有些店鋪提供禮品登記服務,讓家有喜事的人記下他們需要的物品,以便親友到店鋪查看然後購贈。禮品登記的範圍通常包括:結婚、分娩、喬遷等。

8.禮品包裝

很多顧客樂意付款給店鋪包裝禮品,也有些店鋪免費提供禮品包裝服務。顧客購買貨品時,要問他是否用來送禮,如果是的話,就為顧客包起它,或者指示顧客到包裝貨品的櫃檯。記得要說明服務是免費的或是需要收費。

9.送貨服務

並非所有貨品都可以輕易拿回家。如果客人買了很大或很重的東西,而你的店有送貨服務,記得要通知客人。要告訴客人送貨服務是否免費,如要收費,則須說明收費內容。及時準確地替客人安排送貨。

第五節　兼顧來店與來電顧客

並不是每個顧客都會親自來店——有些人只會打電話來。對來電的顧客,應該與進店的顧客一視同仁,向他們提供相同優質的服務。同時,在接聽客人電話時,你也得處理好正在櫃檯等你為他結賬的顧客!要兼顧好來電與在店中的顧客,有以下幾點是要注意的。

1. 請櫃檯前的顧客稍等，讓你接聽電話

當電話響起時，而你又正在協助一位顧客（或正在接聽另一個顧客的電話），你應該禮貌地請顧客等一會兒。要記住，顧客在受到店員接待期間，突然要暫停時，是不會感到高興的。請顧客稍候時，除了要有禮貌之外，還要向顧客保證，你很快就會回來。這可以助他在等候時多一點耐性，當然你一定得真的很快回來。

2. 禮貌而專業地接聽電話

要正確地開展與來電顧客的關係，可按照以下兩個簡單的步驟行事：　迅速地接聽電話；　馬上說出自己的名字和部門。這樣，打電話的顧客就不會覺得自己被忽視，他會馬上知道他是否找對了部門。

要永遠擺出和藹可親的態度，不要顯出自己正在忙著的樣子，不可無禮。顧客服務專家建議，你接聽電話時，臉上要掛著微笑──你的微笑會在你的語調裏顯示出來。給來電者一個良好的第一印象，可以令對方覺得他挑選你的店是沒有錯的，即使你不能立即幫到他。

3. 請打電話的顧客稍等

慣性地讓來電的顧客等候，並不是好的做法。事實上，你永遠不應該說「請等一等」。你應該先詢問顧客來意，等候顧客回答。有些人只是問很簡單的問題，你可以馬上就回答。例如：

來電的顧客：「你們今天幾點關門？」

店員：「我們開到下午五點。」

很多時候你可以當場簡單地同時兼顧到進店的顧客和來電的顧客。那麼大家就都滿意了。但是，如果來電的顧客不單只是問一個簡單的問題，而是需要更多協助，你可能要請他稍等，或提出稍後給他回電話。如果你快要完成和店裏顧客的交易，你是可以請來電的顧客稍等的，尤其是如果他是急著的話。

來電的顧客:「我想訂一些花,要今天送貨。」

店員:「我們可以為您辦到。我現在正在給另一位顧客辦事,完事後,馬上就替您辦理訂花。」

來電的顧客:「好的,我等一下吧,如果不是太久的話。」

店員:「謝謝您。我會馬上回來。」

4.有需要回應電話

如果你估計你和店裏顧客辦事需要的時間較長,你應提出給來電的顧客回電話。如果你正協助店裏的顧客選擇貨品,但你又表現得很匆忙的話,顧客是不會感到高興的。留意客人的表現,如果他很不耐煩,又或者看來因你暫停服務而感到不滿,那你應迅速讓來電的顧客知道,你正在辦理一項交易,會儘快回電話給他。

來電的顧客:「你們的庭園傢俱仍在大減價嗎?」

店員:「是的,但我們只餘下很少款式。我現在正在為另一位顧客辦事,如果您不介意,我過幾分鐘再回電話給您,告訴您我們還有什麼存貨。」

來電的顧客:「好的。我對金屬網的款式有興趣。」

店員:「我會去查看一下,然後儘快回覆您。請問您貴姓?」

記下必需的資料,然後覆述一次客人的姓名和電話號碼。不要因太著急而記錯資料,或者使來電的顧客不快。有禮貌地結束對話,說明你會回電話的時間,跟著繼續為店裏的顧客辦事,要向他表示感謝他耐心地等待。

5.回電話要迅速,資料要準確

必須儘快回覆顧客的電話。如果你答應了顧客在某一段時間內回電,即使你還未找到顧客需要的答案,也要按時回電。讓你的顧客知道你正在努力尋找正確的信息,並告訴他,你將會何時再回覆他。

店員：「我已經查看過您要找的那張 CD，我們的系統顯示貨會有貨。我估計今天稍後時間可以確認到，到時，我會確認 CD 什麼時候可運到店裏，今天稍後再致電告訴您，可以嗎？」

顧客：「好的。」

店員：「我到時也是打這個號碼嗎？」

顧客：「是的，如果我不在，留個口信便行。」

要記著，一位打電話來的顧客，通常都知道他想要的是什麼。他打電話來，很可能是因為他不想浪費時間去店鋪查看貨品價錢或是否有貨。因此，他依靠你給他提供絕對準確的資料。

來電顧客：「你們有沒有 TECH 牌無線電話？如果有的話，賣多少錢？」

店員：「我們有售，價錢是 199 元。現在還有 3 部存貨，要不要我們為您留一部？」

如果你告訴顧客有貨，那他來取貨時，貨品須已備妥，並且清楚地標上顧客的名字。

必須記著的是，來電的顧客有特定的需要。你如何回應客人的需要，對於他們日後是否再光臨你的店，有決定性的影響。同時，對於正在店裏需要你協助的顧客，你也必須表示尊重和感謝。

成功的店員，會向來電的顧客與在店中的顧客提供同樣的高品質服務。他們充分利用每一次電話談話，擴大忠實顧客的網路。

第六節　向顧客做出承諾並遵守承諾

　　最能令顧客對店鋪產生信心的，莫過於店員能遵守承諾。記著，你代表著你的店，還有它的價值和服務，對於每位顧客來說，你就是這家店。

　　(1)答應了給顧客回電話，就一定要回電話；

　　(2)答應了替客人查看是否有貨，就必須提供迅速而準確的答覆；

　　(3)客人訂購了貨品，必須確保可讓他準時取貨；

　　(4)要關注特別的訂單，讓客人知道他們可以信賴你。

　　要遵守向客人做出的承諾，有時需要你付出額外努力，但與客人建立起來的關係，會讓你額外付出的努力獲得回報。

　　要實事求是。當你向顧客做出承諾時，你必須非常清楚自己答應的是什麼。想一想你要採取什麼步驟，而顧客期待會得到的又是什麼，從而做出結論。如有需要可以用筆記錄下來，讓你記得自己承諾過客人什麼。例如，你可以應承客人你會致電到分銷中心、貨倉或其他分店，尋找一件已售缺的物品。你可以應承把那件貨品轉到你的店，甚至直接送貨給客人。接著：

　　(1)詢問客人他想你們用什麼方法通知他；

　　(2)記下必需的資料；

　　(3)告訴客人他何時會獲得答覆。

　　千萬記住：永遠不要做出自己無法兌現的承諾。只有你能做到的事才可應承，並且要守諾去做！

　　如果你已盡了力但仍無法兌現承諾，你必須致電告訴客人。如果因為店規或內部問題而令你無法守諾，你要讓客人知道，一定要就此

事對顧客造成的不便致歉。

解釋你為何不能做。你公司定下的規矩，會讓你對每一個顧客都提供公平、平等的服務。如果有顧客要求你做一些違反公司政策的事，你要解釋為什麼不能做。大部份人都會明白和接受為下列目的而訂出的規則：

(1)防止店員做出做不到的承諾；

(2)避免令客人失望；

(3)保護顧客和僱員安全；

(4)給公司的財務提供合理和公平的保護。

但事情不一定是那麼清楚明確。例如，你的公司可能會鼓勵店員在必要時放寬規則的限制以服務顧客。在這種情況下，你可能有權利去讓顧客獲得例外處理。例如：

店員：「我們通常不讓顧客把珠寶從盒子裏拿出來，戴著在店內走動。但我明白，您必須看一看這條項鏈搭配您想買的那條裙子效果怎樣，我會請我們的時裝顧問帶您到名師作品部，當你試完之後她會把項鏈帶回來。」

你要明確表示這是一次例外，讓顧客明白到這不是平時的做法。這樣，她就不會在日後不知情地違反規則——她會先向店員查詢。這是對顧客提供保護。你也是讓她知道你很重視她這位顧客，願意為她滿足她的所需而採取特別措施。

第11章
瞭解不同類型的顧客

　　店員要真正征服顧客，必須做到瞭解顧客的目的、把握顧客的性格、分清顧客的類型，投其所好。辨別不同類型的顧客對於店員來說是基本的技能。

第一節　每個顧客性格都不同

　　商場如戰場，店員要真正征服顧客，必須做到知己知彼，才能百戰不殆。除瞭解顧客的目的之外，更要把握顧客的性格，投其所好，這對店員來說至關重要。

　　從性格上可以將顧客分成：沉默型、覬覦型、慎重型、猶豫型、頑固型、商量型和刻薄型。

一、沉默型顧客

　　沉默型顧客在整個購買過程中表現消極，對推銷冷淡。店員與這類顧客進行溝通時很容易使整個局面陷入僵持。沉默型顧客對對方的

任何陳述或激情都無動於衷，他們好像對事情都胸有成竹，自己的想法決定一切。這種顧客就是我們所說的沉默型顧客。一般來說，沉默型顧客有以下表現。

例如：顧客走進店裏，巡視櫃檯，或仔細審視某種商品。店員上前招呼：「歡迎光臨！」看到顧客手上商品色澤鮮豔，就問：「給您孩子用嗎？」如果商品樣式保守，就問：「給老人用嗎？」可是無論店員怎樣招呼，顧客仍保持著驚人的沉默，一言不發，弄得店員尷尬不已。

在店員和顧客的談話過程中，顧客對店員的服務，始終表現得很沉默，難以讓人接近。

沉默型顧客可以分為兩類，即天生沉默型和故意沉默型。

1. 天生沉默型

這類顧客在與店員的溝通過程中並非假裝沒聽到，也並非對什麼不滿，只是天生的性格使他們不愛說話。

應對這類顧客店員可儘量不疾不徐地誠懇地對顧客解說或發問，視其反應來瞭解顧客的心意，才能對症下藥。有時店員也可以提出一些簡單的問題來刺激顧客的談話欲。如果顧客對面前的產品缺乏專業知識並且興趣不高，店員此時就一定要避免技術性問題的討論，應該就其功能進行解說，以打破沉默；如果顧客是由於考慮問題過多而陷入沉默，這時不妨給對方一定的時間去思考，然後提一些誘導性的問題試著讓對方將疑慮講出來以便大家協商。

2. 故意沉默型

此種顧客在溝通過程中眼睛不願正視你，也不願正視你的樣品，而又略有東張西望心不在焉的表情，這種情形十有八九是裝出來的沉默，是對產品不感興趣，但又不好意思拒人千里之外，而勉強接見你，

故只好裝出沉默寡言的樣子讓你知難而退。

遇到此種顧客，尋找話題，提出一些讓對方不得不回答的問題讓他說話，以拉近彼此距離，多花時間再導入正題。如果顧客由於討厭店員而沉默，店員這時最好反省一下自己，找出問題的根源，如能當時解決則迅速調整，如果問題不易解決則先退開，以備再試成功。

二、靦腆型顧客

有些人動不動就雙頰緋紅、額頭沁汗、手忙腳亂。這種人大多是極端內向，或自覺有某種弱點的人，多少次告訴自己不要害羞，結果心跳卻越發加快起來。其實，每個人都害羞，只是程度不同而已。「害羞是神單獨賜給人類的好禮物。」請看下面兩個例子。

例一：一位矮個子男青年在流覽店內商品，眼睛正好瞄向女店員那邊。然後突然一臉沮喪，歎著氣走掉了。幾個女店員議論道：「可能是同業的間諜。」事實上，男青年剛好看見幾個店員竊竊私語、忍俊不禁，神經敏感的青年就以為她們在笑他個子矮，因此轉身而去。

例二：一位村辦企業的幹部由於工作需要，到縣城裏購買電腦，剛進一家裝飾豪華的店鋪，就不由得緊張起來。而店鋪裏的店員雖然看到此人的穿著樸素，但還是熱情地招呼他，不料店員剛說了一句：「您需要什麼樣的電腦？」他就掉頭走了。

以上兩個例子中的顧客是典型的靦腆型顧客，此類顧客生活比較封閉，對外界事物表現冷淡，和陌生人保持相當距離，對自己的小天地之中的變化異常敏感，在對待推銷上他們的反應是強烈的。

以上兩個例子說明，與靦腆型顧客溝通時首先要注意的一點是，

不要直接注視他們。解說商品時，最好把商品拿在手上，一邊看著它一邊說明，強調產品重點功能或優點時，和藹地直視對方，其他時間還應儘量避免。

例一中的情景，大家或許會產生同感：一邊看著自己一邊嘀嘀咕咕地咬耳朵，任何人見此情景都會感到不快，更何況是覷覥型顧客。與對方四目相接，則更覺尷尬。遇到對方是情侶或身體上有缺陷，則更應適度迴避。而且，與他人四目相接時，不管有沒有與他人耳語，都要輕聲招呼：「歡迎光臨。」

例二中反映出一個值得考慮的問題，就是在一些費時挑選的商品櫃檯前，像手錶、首飾等，不應設立修理部，以免閑著的師傅評頭論足，使顧客頗不自由而不得不奪路而逃。銷售這類商品的店員應注意避免直接凝視顧客。

另外，說服此類顧客對店員來說難度是相當大的。這類顧客對產品挑剔，對店員的態度、言行、舉止異常敏感，他們大多討厭店員過分熱情，因為這與他們的性格格格不入。對於這一類顧客，店員給予他們的第一印象將直接影響著他們的購買決策。另外，對這一類顧客要注意投其所好，才容易談得投機，否則會難以接近。

三、慎重型顧客

有些人處世謹慎，凡事考慮得較為週到，這通常也反映在他們購物時的態度上。慎重型顧客往往關注得比較多，例如：品質、包裝、價格、品牌、售後服務等。他們不會因為產品的某一個優點而決定購買，他們通常會綜合評價產品。同時這類顧客在購物時經常會貨比三家，多方面考慮後再決定。所以他們的外在表現就是善於和店員討論

產品，而且經常是比較產品，他們對產品的行情會比較清楚，說一些專業知識也頭頭是道。具體可以通過下面的例子來說明。

例一：店員提出自己建議後說：「……，所以，我認為這個配置和您最相稱。」

可顧客想了想說：「這款好像也不錯，說實話，我最喜歡的是剛才我們看的那個配置，就是價錢太貴了些……」

店員說：「先生，功能好，配置好，價錢自然要高些，您看看我現在介紹的行不行？」

顧客有些為難：「可是，和我原先的預算有些出入，根據您的看法，先前那款配置似乎不太合適我。」

店員急忙解釋：「不，不，我不是這個意思，那款的配置也很好。」

顧客此時一臉疑惑：「我都給弄糊塗了！」

可店員卻仍極力推薦：「先生，這款也不錯，我覺得它非常適合您。」

顧客已打了退堂鼓：「是嗎？我看我還是改天再來吧，麻煩您了。」

例二：在某服飾行內，甲、乙二位顧客正在挑選衣服。

甲顧客說：「這件外套不錯，可是價格貴了點。」

店員解釋道：「請相信，價錢絕對合理。」

甲仍堅持說：「可是，同一件衣服，在前面那家店裏卻很低。」

店員有些不解：「是不是看錯了。我們走的是薄利多銷的路線，不會比別的店貴。」

這時乙插話進來：「甲說的沒錯。能不能算便宜一點兒？」

甲補充道：「您是說不能降價嗎？那我們下次再來吧，可別買

到貴的。」

可見，慎重型顧客在和店員交流時已定下目標，只是交涉到最後才說出自己的決定。這類顧客通常也是令店員頭疼的顧客，但這類顧客一旦接受了那位店員，他也許就成為一個忠實顧客。

總結例一中的失敗之處，可看出顧客沒有要求減價之前，店員沒有把握住顧客的真正意圖，這樣反而會使顧客失去信心，更加不知所措。遇到這種情況，先端杯茶緩和一下氣氛，談話時話題不要針對價格高低爭來爭去，先談一些說明，如不能讓價，但售後服務週到，也可分期付款等，引起對方購買慾後，再催促其下決心。

對於例二，店員應瞭解到有些顧客為了要求減價，故意說其他店便宜些，因此這種情況下首先要讓他明白價格絕對公道，然後嚴肅地說：「請您再比較看看。」顧客回頭再買時，一定要保持殷勤有禮，不可擺出不屑一顧的姿態。

四、猶豫型顧客

日常生活中，有許多人在開始做某事前，大多會猶豫不決。即使是芝麻小事，到了一旦想要做的時候，也總是無法下定決心，因此，時常會浪費很多時間。這時候不知道究竟想的是什麼，或者是想了些什麼，所以會這麼沉默，令人摸不著頭腦。身為店員，實在感覺為難，因為無論問什麼事他都不回答，而且也找不到問他的機會。即使店員拼命地推銷，他也不表示一點關心。在店員看來，顧客好像佯裝不關心的樣子。這類顧客不容易下決斷，他們對於任何事情都猶豫不決，喜歡問問題，動作不俐落，有時神情會有些恍惚。

例一：顧客在樣品間裏，看到一件商品，他對店員說：「對不

起，麻煩您把那個拿給我看一下……」剛說完，突然眼睛一亮：「咦，那邊那個也不錯，也借看一下。」沒多久，一轉頭，「啊，那個似乎也不錯！」顧客二心二意，很難抉擇。店員一一照辦：「是啊，這種目前很不錯，大家通常用這款。」顧客面對櫃檯上已擺出的七、八種商品東摸摸、西挑挑，那種都覺得滿意。又覺得那種都有不足之處：「到底選那一個好？哎呀呀，我眼都花了，還是不知該買那個。這樣吧，我明天再來看，麻煩您了。」於是，顧客空手而歸。

例二：一位女顧客站在女鞋專櫃前流連已久，千挑萬選，初步篩選出三雙鞋子：「這三雙看來都不錯。依你看，那一雙更合適？」店員機靈地答道：「各人喜好不同，我也不好說什麼，不過我看這雙綠色的似乎最適合您。」女士將信將疑：「哦？我看這雙銀灰的也不錯，你看呢？」店員反應很快：「是啊，那雙也很漂亮！」顧客又指向另一雙：「這雙乳白的最能襯托……，是不是？」店員連連稱是：「的確，和太太的腳搭配得天衣無縫。」

面對店員八面玲瓏的回答，女顧客完全失去選擇能力了，最後無奈地說：「我還是回去考慮考慮再看，麻煩您費心介紹。」然後轉身而去。店員心中不平，一面抱怨著，一面把亂七八糟的鞋放回原處。

如同上述兩個例子中的顧客，猶豫型顧客即使在洽談的過程中，也會這個那個地猶豫不定，看來像要決定，實際卻猶豫不決。這種傾向不但是在商品的選擇，就是交易條件也是一樣。總而言之是一種不明確的表現。他們主要有三個特點：

⑴希望一切自己決定。猶豫型顧客總是想一切根據自己的意志，憑自己的感覺決定。這種類型的人頭腦很好，一旦行動，會考慮很多，結果反而更加猶豫不定。

（2）不讓對方看透自己。猶豫型顧客討厭被別人看透自己的心理，也許由於自以為是，認為自己與別人不一樣的意念特別強烈。

（3）極端討厭被說服。猶豫型顧客很討厭被人說服，特別是自認為自己想法正確的人，這種感覺也就越發強烈。

猶豫不決型顧客可分為兩種類型：第一種是顧客本身完完全全不懂得抉擇；第二種是店員模棱兩可的答對使其猶豫不決。面對第二種類型的顧客，要記住對方第一次拿的是什麼商品，數次把看的是什麼商品，根據其態度，留下幾種適合他口味的商品，其餘的則不動聲色地拿開。然後，推斷顧客喜愛的商品，正是他反覆把弄的商品，若他再次拿起那種，可用自信的口吻說：「太太，我認為這種最適合您。」這通常會使顧客當場決定下來。

若旁邊還有其他顧客時，也可徵求第三方意見，這也是促使猶豫不決型顧客下定決心的方法之一。一般情況下，被問及的顧客會予以合作，且贊同率往往會很高。

針對例一的特定情況，則應將重點放在其第一次拿在手上的商品、多次詢問的商品和放在身邊的商品，然後悄悄地拿開其他商品，盡力縮小挑選範圍。針對例二的情形，最糟糕的回答就是「個人喜好不同」，這只能使顧客更加迷惑，如墜迷谷。「這個很好」「那個也不錯」收不到什麼積極效果，倒不如要問對方：「太太，您打算配那種款式的衣服呢？」根據其回答內容，再拿出自己的建議，這會使對方信服之後下定決心。

另外，對於這類人，店員不要講太多的商品知識，因為這會使他頭腦愈趨混亂，更難以做出決定，最好的方法是找一個機會，從旁提醒他，以幫助他做最後的決定。

五、頑固型顧客

頑固型顧客多為老年顧客，是在消費上具有特別偏好的顧客。他們對新產品往往不樂意接受，不願意輕易改變原有的消費模式與結構。

例：店員和顧客在討論產品的價格。

店員：這是最低價格。

顧客：不可能，你再算一遍，不可能有這麼高的價。

店員：我已請示經理了，我們的價不能再減了……

顧客：不行，你再請示一遍，或者把你們的經理找來，我要讓他把價減下來。

看過以上的例子，我們可以感覺到這種顧客確實難對付，因為這種顧客特別要面子，不管有理無理都不願退半步，尤其是有其他人在場時，他們更顯得固執。

頑固型顧客主要有兩個特點，店員可以針對這兩個特點採取策略。

1. 堅持

這類顧客說出自己的看法後就絲毫不讓步。作為店員，必定是非常自信的，頑固的人逆反心理比較強，即喜歡和他人對著幹。你說是這樣，他偏不信，你說不是這樣，他偏又反對。你越想說服他，他越固執，他那頑固的心理會表露在言行中，因此很容易觀察到。

2. 保守

這類顧客以前做過類似的事，而現在再做時發現情況變了，寄希望於以前的事再一次發生，從而表現出固執的行為。如去年冬天買了

一件 1000 元的西服，今年冬天再去買同樣的西服，發現標價漲了 100 元，他會堅持絕對不需要那麼多錢。他把面子也看得很重要，當他深信的一切被對方反駁時，他會顯得不安，感到面子上過不去，變得更加固執：「我以前就幹過這件事，沒錯！」

頑固型顧客對店員的態度多半不友好。店員不要試圖在短時間內改變這類顧客。否則容易引起對方反應強烈的抵觸情緒和逆反心理，還是讓你手中的資料、數據來說服對方比較有把握一些。對這類顧客應該先發制人，不要給他表示拒絕的機會，因為對方一旦明確表態再讓他改變則有些難度了。

六、商量型顧客

商量型顧客總體來看性格開朗，容易相處，內心防線較弱，對陌生人的戒備心理不如沉默型顧客強。他們在面對店員時容易被說服，不令店員難堪。商量型的顧客也十分多見，例如：

例一：顧客手裏拿著毛衣，向店員詢問：「小姐，我很喜歡這件外套，可那件也不錯。麻煩您幫我參考一下，那件更適合我？」店員考慮良久。「這個嘛……」，正要說出看法時，又聽見顧客對其他的店員說：「你們經驗豐富，您給我決定吧！」

例二：一位顧客在櫃檯前挑選領帶。「小姐，請問這兩條領帶，那一條比較合適？」店員比較了一下：「我看這一條配您的西裝正好，我看選它很好。」顧客有些迷惑：「怎麼看得出它更配一些？」店員耐心解釋道：「這條領帶的底色和您西服相同，圖案也與西裝的條紋相似，所以我覺得這條好些。」顧客點頭稱是：「有道理，就這一條吧，我還想買條皮帶，您看那種顏色好？」店員挑出一

條,「這條與您西褲色調一致,我看很好。」顧客說:「就這麼決定了。」

任何商品的銷售過程中,都會見到這類例子。這種委託店員判斷那種商品適合自己的顧客之所以找店員商量,完全是出於對店員的信任,因此店員應盡心盡責不使顧客失望。

這一類顧客表面上是不喜歡當面拒絕別人的,所以要耐心地和他們週旋,而這也並不會引起他們太多的反感。對於性格隨和的顧客,店員的幽默、風趣自會起到意想不到的作用。如果他們賞識你,他們會主動幫助你推銷。

但這一類顧客卻有容易忘記自己諾言的缺點,面對這種類型的顧客,首先一點,店員應確立責任心,不能以隨意的態度敷衍顧客。店員一般具有一定的經驗,可以根據顧客的實際情況做出較為適當的判斷,這也是顧客詢問的原因;同時,店員應儘量避免為獲取利潤,極力推銷貴重商品,而不管其是否適合顧客的需要。另外,做出合理的推薦,使顧客滿意,往往也會促進相關商品的出售。

還有,店員應選擇在恰當的時機提出建議。千萬不可在顧客尚未仔細挑選之時就急不可耐地說:「這個跟您很相配。」這往往會使顧客感到過於唐突。例一、例二中的店員處理較為合適,說出自己的建議,並留一定時間給顧客考慮定奪。爭取到顧客的信任,也就等於爭取到了自己的聲望與商業利益。

七、刻薄型顧客

店員在做銷售的過程中難免遇上一些較刻薄的顧客,這類顧客也是讓店員頭疼不已的類型。請看下面的例子。

例一：店員在和顧客初次會面後正在向顧客介紹產品。

店員：我覺得該產品很適合您的家庭。

顧客：你這麼熱誠，真是辛苦了。因為你們的產品不好，所以我一點也不想買。

店員：我想……

顧客：我是不想買的，你不是在浪費時間嗎？

例二：店員向顧客介紹了售後服務後。

顧客：我朋友買了你們的產品後大呼上當。

店員：是嗎，那您的朋友應該及時和我們公司溝通啊！

顧客：向你們買了以後就沒有售後服務了。在還沒有買以前，你們就說產品怎麼好、服務如何週到，等等，但是一買下來就不是那麼一回事。本來就是這樣嘛！聽說你們服務不好，整天忙於推銷產品，那有時間為顧客服務呢？

不可否認，有的時候顧客並非出於求好心切，而做出善意的批評，也不是發自真心才這樣說的，而是想胡亂地挖苦別人一番，但也有的顧客是性格使然。

店員都不願意自己遇到刻薄的顧客。確實，與這類顧客相處會很難受，既要考慮銷售又不想「忍氣吞聲」。但刻薄的人不一定就是心腸壞，有時他們只是為了發洩壓抑在心中的各種不良心緒，便表現出「一觸即發」的過激和苛刻行為，因此，你不必總認為他是故意跟你過不去。

一般來說，對待這類顧客要把自己作為這類顧客的消氣筒，讓他發洩夠了以後，你仍彬彬有禮地一言不發。這時他也許會感到不好意思而解釋為只是對偽劣產品和不法廠商有意見，「你的東西還是很不錯的」，於是他會買上一兩件作為掩飾。

201

如果這還不行的話，你就得考慮另一種策略了，因為總是一味示弱也是不可取的。當對方十分過分時，你可以將你的視線正對他的眼睛，用不著任何言語，對方便會馬上感覺到：「是我錯了嗎？」

這時你就可以提些意見，但也得注意言辭委婉：「或許……比較好吧？」「是不是可以……呢？」「我認為……，你說呢？」等等，平和的商量的口氣，使對方既易接受，又不至於反感自己，給自己戴上一頂「刻薄」的帽子。

第二節　辨別不同類型顧客

每位店員在接待顧客時都會遇到這樣的問題：「這個人到底是什麼樣的人？」「我應該推薦那種商品給他？」「那一種應對方式適合這個人？」解決這些問題的關鍵是分清顧客的類型，弄清楚他們不同的目的，辨別不同類型的顧客對於銷售者來說是基本的技能，而且它並不是沒有門徑可循的。在店鋪銷售中，大致可以把顧客分為諮詢型顧客、購買型顧客、磋商型顧客、替人跑腿型顧客、尋求售後服務型顧客和促銷活動型顧客。

一、諮詢型顧客

諮詢型顧客就是指那些擺出要買的架勢，卻又無心購買的顧客。他們的數量是佔絕大多數的，而且大多數成交的顧客都是從這類顧客轉化來的，所以瞭解這類顧客對於店員來說是至關重要的。這類顧客的行為可以用以下例子來體現。

　　例一：一位婦人漫步走入店裏，在特價櫃檯前久久流連，不停地翻動小孩子穿的衣服，一會兒傾著頭，好像在考慮些什麼。導購小姐走到她的身邊打招呼說：「夫人，這些都是給小男孩穿的衣服。」那位顧客也不搭話，快步離開了這個櫃檯。走了沒幾步，她又停在店門口推滿內衣褲的特價台前，又開始翻看那堆衣服。導購小姐見狀，又走過來招呼說：「是太太自己要穿的嗎……」話沒說完，顧客扔下一句「下次再來」就快步走掉了。這幕景象在每家商店都不知要上演多少回，不知有多少店員滿心歡欣地看著顧客的到來，又懊喪地看著他揚長而去。

　　例二：一個顧客正在挑選手機，店員走過來介紹說：「先生，這款手機與其他的手機不同，……」顧客回答說：「嗯，不過我想它的按鈕摸起來感覺有些不方便……」店員趕緊插話：「不會的，您可能感覺著它有些不方便，但是用過的人都說這種按鈕操作簡單、方便，這一點您大可放心，絕不會出現問題的！」顧客看了他一眼：「是嗎？但我還是覺得有些麻煩。本來我今天也沒打算要買，我看還是改天再過來看看好了。」

　　如果諮詢型顧客很多，那對於公司或店員來說是有很大益處的。今天顧客來上門諮詢，說不定明天或後天他就會回來購買，所以說諮詢型顧客也可以稱為潛在的顧客，他們至少比過其門而不入的顧客更受歡迎！

　　據統計，顧客購物時一般分成兩類：第一類是已經決定要購買的，這些人佔總數的 20%；第二類是心裏先有個底，等到店裏參觀後再做最後決定的，這些人佔 72%。所以說，諮詢型顧客是最大的潛在購買力。那麼如何接待這類顧客呢？

　　首先，如果顧客剛進門，店員就急躁地上前招呼的話，很容易導

致例一中的那種後果。最好的辦法是，當顧客駐足於某個場所，拿起商品仔細考慮時，店員要先觀察他的表情、態度，再輕聲招呼「歡迎光臨」、「請您慢慢看」或「請拿起來看沒關係」，如果顧客點頭回應，再找適當機會接近他們。記住，過度的糾纏或不斷的解說容易令顧客厭煩，本來有意購買的顧客也會變成「諮詢顧客」。

第二，說明產品時應該針對顧客最想瞭解的，最想聽的以及該商品最大的特點加以說明，否則再熱心，花再多的時間解說也引不起顧客的興趣，更別說要他們掏腰包購買了。當你費盡唇舌解說，顧客還是猶豫不決時，不妨實際操作該商品的使用方法，或鼓勵該顧客自己動手操作。俗話說：「百聞不如一見」，實踐絕對比觀察更容易領會。

第三，顧客只要走進了你的門，這就表示他有意購買你的商品，或對某種商品感興趣，雖然他這次空手而去，但這份心意卻抹殺不得，店員應該愉快地送他們出去，並說「歡迎您下次再來」、「謝謝您的光臨」等。

二、購買型顧客

購買型顧客是指顧客直接上門要求消費，這類顧客是最受店員歡迎的，因為他們不需要店員費什麼口舌就可以達成協定。這類顧客的行為可以從下面的例子來體現。

例：某汽車銷售大廳內，一位顧客匆匆來到問：「你們這裏有××汽車嗎？售價是××吧？」

店員說：「是啊，就是那邊的那輛！」

顧客：「好，可以進行分期付款吧……」購買很快完成了。

一般來說，購買型顧客如此痛快地消費基於以下幾個原因：

(1)產品的品質信譽好；

(2)店員的信譽好；

(3)有熟人介紹；

(4)事先諮詢過；

(5)性格使然；

(6)老顧客。

當然，這類顧客是很受店員歡迎的，因為做他們的生意很容易。也許有些店員認為這類顧客是不要太多費心的，但就是這個觀點，讓好多店員失去了本來屬於自己的忠實顧客。其實這類顧客更需要店員完善的售後服務，使他們感覺到在你這裏消費是十分值得的。

店員可以通過以下三種方法來創建更優質的售後服務：

(1)多和顧客聊聊關於信譽的問題，使他感受到買得放心；

(2)如果是你的朋友介紹，多和他談些私人的問題，讓顧客和你更親近；

(3)售後多打電話詢問使用情況。

三、磋商型顧客

磋商型顧客顧名思義是指針對某一商品與商家在價格、服務、權限等相關問題上產生談判的顧客，這類顧客是已經對商品產生了濃厚興趣的，只是還需要店員再下一些工夫。這類顧客的行為特點可以從以下例子中看出。

1. 溫柔型。挑選一番後作委屈狀說：「沒辦法了，只好將就這個吧，能不能便宜一點呢？」

2. 粗魯型。他們認為店方理所當然要減價，天經地義、不容置疑，

所以他們開口就是：「怎麼樣？你打算打幾折？」

3.施恩型。顧客擺出一副可憐的樣子說：「先生啊，你也要替我想想吧，我特地從那麼遠的地方跑到你這裏來，好歹你也要送貨上門吧！」

4.軟硬兼施型。顧客說：「這一條街上那麼多家商店我都沒去，直接就上了你這家。你也應該少算一點才是啊！」

5.理解體貼型。顧客甚是深明大義：「好了，你不要說了，我也知道你做一筆生意也不容易，也不好意思再要你打五折，但是我現在情況也比較困難，你看能不能來個七折呀？」

6.牽制型。顧客利用其他商店的價格來逼你讓利。例如，一個顧客故作驚訝地嚷道：「哎呀！怎麼這麼貴啊？！你看某公司……」

7.笑裏藏刀型。顧客自言自語地說：「不降低沒關係，頂多不買罷了！」

店員面對這類顧客可能會感覺很難受，但從顧客的角度講，他們有權利也有原因就購買的產品與店員進行磋商。只不過有的顧客的態度會讓店員難以接受，怎麼面對也是工作崗位的難點。一般來說，應對此類顧客可以採取以下策略。

如果產品確實還可以調價或有餘地附加其他服務，可以根據顧客的實際情況進行談判。

如果你的產品是按照統一的規定進行定價和確定服務的，那必須做到以下幾點：

⑴對以統一價格售出去的商品一定要有完善的售後服務及愉快的接待態度，要讓顧客感到滿意，必要的時候還可以贈送給顧客一些附屬品或禮物。

⑵不管對方是誰，不管他有任何理由，店方絕不能為其所動給出

二價，一次破例前功盡棄，以前的心血都會化為泡影。

（3）要持久地宣傳本店推行不二價的活動，最好給顧客發放一些宣傳單，註明「本店實行不二價，請各位安心購買」。

如果你確實做到了以上三點，顧客還執意磋商，那可以用「是的……但是……」句型，例如：「您說的是，不過恐怕要讓您失望了，我們有我們的困難，這個價格實在不能再降了。」但一定要記住，態度要顯得鄭重有禮。

四、替人跑腿型顧客

許多顧客買東西並不是為自己買，而是受人之托，或者是順便幫別人捎帶購買的，這種顧客我們稱為替人跑腿型顧客，例如下列二種情況。

例一：一個小孩跑到店員跟前說：「阿姨，您好！」店員摸了摸她的小臉蛋說：「小妹妹，歡迎你光臨！」孩子問：「前幾天我媽媽拜託你們店修理的皮鞋修好了嗎？」店員問：「你媽媽是誰呀？」孩子回答：「我媽媽姓劉，這是發票。」店員說：「哦，是劉太太呀，你等一下，皮鞋已經修好了，我這就拿過來。」店員笑著將皮鞋遞給跑腿的小女孩。孩子仿佛還有些不安。店員趕緊說：「不要緊，不用付錢的。」孩子很高興，一蹦一跳地走了。

例二：一個顧客問店員：「您好，我是力達公司趙經理派來的。我們經理訂的產品不知到了嗎？」店員回答說：「哦。是趙經理的啊，請您稍候，我去看看，嗯……小王啊，把趙經理的訂單拿過來，他的人在這裏等呢！」店員這一叫，大廳的客人都把目光投向了這位顧客，把她羞得低下了頭，拿著訂單逃也似的走了。

在銷售中有一條戒律：不管對方身份如何，即使是個乞丐，只要他有意買東西，都是我的顧客，都是我的上帝。所以店員在面對替人跑腿型顧客時，也應當做到客氣、有禮貌、尊敬地稱呼她們。替人跑腿型顧客一般不是孩子，就是職員，他們都處於弱勢地位，希望不要被人冷落在一旁。不管跑腿的顧客是何等身份，顧客都是信任他才要他跑腿，這種顧客兼有自己和物主雙重人格。對於跑腿的顧客萬萬不可輕慢，不然的話就是同時得罪了兩個顧客。店員除了要向跑腿的顧客道「辛苦」之外，還要通過跑腿的人對物主說一聲「謝謝」。

五、尋求售後服務型顧客

任何商品都不是十全十美的，顧客在購買後可能由於產品的品質問題和賣方的承諾沒有兌現而設法尋求售後服務。只要是做銷售這一行的，那就肯定得去面對這類顧客。尋求售後服務型顧客包括要求退貨、換貨、售後服務的磋商等。

例一：一個顧客惴惴不安地走進店裏，進門就說：「對不起……」店員殷勤地跟她打招呼：「歡迎您光臨！」顧客不安地說：「非常抱歉啊，昨天在你們這買的這個皮包啊，回去以後才知道，我女兒也買了一個一模一樣的，我不知道能不能退……」店員的臉一下子就沉下來了：「哦，要退貨啊……好吧，讓我先看一下。」他拿起皮包，仔細地檢查有沒有使用過，有沒有沾上污點，直到挑不出毛病了，才說：「好吧，皮包我收回來，但太太您至少也要找其他什麼東西替換……」顧客為難地說：「今天我不缺什麼啊，您能不能退現錢？下次我會再上這兒……」店員極其不情願：「好了好了，就退給你吧！下不為例哦！」

例二：有個顧客來店裏換貨，說：「前些時候我在你們這邊買了這件大衣，但又嫌顏色太淡了，能不能換一件比較鮮豔的？」店員說：「我先看看有沒有污點……哎呀！這裏好大一塊汙斑啊！是不是穿過了啊？」顧客趕忙辯解：「沒有的事，一次也沒有穿過。」店員這才拿出兩三件較為華貴的給顧客挑。顧客挑了一件，一問價，嚇了一跳：「這麼貴呀！差了一千塊啊，這怎麼辦？」店員說：「價格是差一點，但品質要好得多啊，而且您退的衣服又弄髒了……」這一來顧客才不情願地換了。

只要是做銷售，就一定要具備處理顧客投訴的能力，一般來說，應對這類顧客應該把握以下三個原則：

(1)有據可依。就是指標對像例一中的情況，任何商品的售賣過程中，商家和顧客的權利和義務，都是有具體的規範的，例如產品三包規定或買賣雙方簽訂的協議等。所以，在處理顧客投訴時，一定要以具體的規範為原則。

(2)適當讓步。誰能贏得顧客的心，誰就立於不敗之地。所以在具體的處理中，如果你做一點點讓步，那也許你就會贏得一位忠誠顧客。

(3)切勿爭辯。不管顧客如何批評我們，銷售人員永遠不要與顧客爭辯，因為，爭辯不是說服顧客的好方法，正如一位哲人所說：「您無法憑爭辯去說服一個人喜歡啤酒。」與顧客爭辯，失敗的永遠是銷售人員。一句銷售行話是：「佔爭論的便宜越多，吃銷售的虧越大。」

六、促銷活動型顧客

銷售中促銷活動是一個主要的銷售手段，促銷活動也會吸引更多的顧客。而有一些顧客購買商品就是因為趕上了促銷活動，也許顧客

並不需要該商品，但促銷活動促使他提前購買了產品。在顧客購買過程中，其表現也是不同的。

例一：一個在搶購的人群中擠得大汗淋漓的顧客問店員：「先生，你們這還有沒有一件乾淨一點的襯衫？就是這件式樣，這個尺碼，這件上面有汗斑……」店員對顧客說：「對不起，這件襯衫上剛好有點污漬。太太，您能不能稍等片刻，讓我幫您找找這裏面有沒有乾淨一點的。」

例二：一位顧客匆匆忙忙闖進店內，風風火火地問店員：「你們在報紙上登的特價電視在那兒？」店員想了一想說：「你問那個啊？已經賣完了。」顧客顯然對店員的這種冷漠的態度很不滿意，追問道「你們不是剛剛開門營業嗎？怎麼賣得這麼快？」店員絲毫沒有在意顧客的不滿，說：「沒錯啊，但是誰不想買到這麼便宜的電視呢？一大早就有許多顧客在外面等了，等到一開門，他們一擁而入……」顧客似乎不很相信：「真的嗎？你們到底有幾台這種電視？」店員只敷衍了一句「有好多啊」，就一個勁開始推薦其他的商品了：「我看這樣好了，您看看這款電視，它的品質遠遠比特賣品好。便宜無好貨，還不如多花幾個錢呢。」顧客丟下一句「我對這種電視不感興趣」就離開了。

例三：某鞋店舉辦「開業十週年紀念活動」，特別設計了由牛皮製成的名片盒，送給每位上門的顧客。另外他們還印製了幾份感謝函，連名片一起寄給活動期間沒有上門的顧客。感謝函內容如下：「感謝您平日關愛，在此本店謹致以十二分的謝意。本店於本月 12 日到 20 日舉辦了開業十週年紀念活動，獲得各界好評，唯一遺憾的是，您不能大駕光臨本店。本店特準備一份薄禮贈送給您，現隨信送上，務請笑納。」這一舉動深受顧客好評，顧客

紛紛上門選購。

　　一般說來，在以特賣形式進行促銷的活動中，來的很少是老顧客。你看著商店裏人頭攢動，但都是一副副生疏的新面孔，這些顧客大多是衝著打折的時機專門來購買特賣品的。促銷的目的主要是通過讓利給顧客，以答謝平日裏光臨的老顧客，同時也借這個機會與一些新顧客結緣，以求他們下次能夠上門購物。

　　在上面的第二個例子中，店員的態度是很差勁的。他不但不感激顧客的惠顧，反而擺出一副高傲的臉孔，好像賣特賣品給顧客是讓顧客佔了便宜似的。顧客普遍會有上當受騙被愚弄的感覺，心中會不高興。這樣的打折特賣活動有百害而無一利，辦了還不如不辦。既然已經舉辦了讓利酬賓的活動，就要利用這次機會將顧客牢牢地吸引住，不只為了做一兩次生意，而要讓他們成為長期的固定顧客。明知道這種顧客是衝著特賣品來的，店員也不能因此而歧視他們或接待不週，而應該用感激的心情和他們打招呼。為打折商品而來的客人越多，我們交上的朋友就越多，這樣不但能處理掉一些滯銷的商品，更能爭取到許多明日的顧客。

心得欄

第三節　準確判斷顧客的需求

當一個人步入一家店鋪，他是帶著一種有意識或潛意識的需求，即要購買店裏出售的東西。作為店員，你的工作就是確保顧客的需要獲得滿足——協助他們完成整個購物程序。當你與顧客建立了友善的聯繫，你下一步要做的就是判斷顧客到底需要什麼貨品或服務。有些顧客很清楚自己要什麼；有些人完全沒有特定的念頭，只是想找些東西滿足自己的購買慾而已。不論是面對那一種顧客，你最終的目標都是一樣的，就是要滿足顧客。

即使顧客是非常有主見、很清楚他要什麼，你也可以照顧他沒有說出來的需要，以博取顧客的好印象。例如，你可儘快完成交易，也可以提供產品保養資料、保修資料、產品簡介、顧客要找的另一部門所在等。但最重要的是，這些顧客需要的是儘快獲得接待和有效率的服務。

要善於預測顧客的需要，可用兩種方法收集顧客資料：第一是通過小心的觀察；第二是詢問適當的問題。

詢問適當的問題，顧客可能會告訴你為什麼。如果你能詢問適當的問題，你就能夠找出他們購物的動機，從而提高你滿足顧客和售出貨品的機會。問些調查性的問題，以找出顧客的喜好和需要，跟著運用你的想像力。

想找一件禮物送給嬰兒的客人，未必知道什麼東西合適。你可以問關於嬰兒的問題——嬰兒有多大、是男孩還是女孩、是否是第一胎，等等，然後，再提出有用的建議，送衣物還是嬰兒用品、書籍、玩具等。

在找一部錄影機的顧客，可能會被容易使用、價格便宜等不同因素所吸引。協助顧客縮小範圍，以便更容易做決定。最重要的是，詢問的問題是要讓顧客可以和你繼續談下去。含有「那位」、「什麼」、「那裏」、「何時」、「怎樣」、「為什麼」等疑問詞的問題，可以讓對話得以延續。延續對話的問題：

(1)您是給那位買的？

(2)是那位向您介紹本店的？

(3)您要找什麼東西呢？

(4)那個特別的日子是什麼？

(5)您在那裏見過？

(6)您會把它用在什麼地方？

(7)您是何時需要用到它的呢？

(8)您是從那裏得知本店的消息呢？

(9)這個牌子您經常用嗎？

(10)為什麼您需要那個型號呢？

心得欄

第 12 章
要讓顧客喜歡商品

　　每樣產品皆有其獨特之處，和其他同類產品不同的地方，顧客總是會進行比較、權衡，直到對商品充分信賴後才會購買。

　　要向顧客說明產品的特性和好處，讓他們實際地看到那些賣點，喜歡商品。

第一節　店員先要對商品瞭若指掌

　　顧客在產生了購買慾望之後，並不能立即決定購買，還必須進行比較、權衡，直到對商品充分信賴後才會購買。在這個過程中，店員就必須做好商品的說明工作，即店員向顧客介紹商品的特性。

　　每一樣產品皆有其獨特之處，以及和其他同類產品不同的地方，這便是它的特性。產品特性包括一些明顯的東西，如尺碼和顏色；或一些不太明顯的，如原料。最常見的產品特性有：

　　(1)尺碼——體積、重量和容量；

　　(2)顏色或光暗面；

(3)款式或型號，出產季節或年份；

(4)成分——原料或組成部份；

(5)功能——產品做什麼或怎樣運行；

(6)品牌——製造商、生產線或設計師；

(7)價格。

就是因為產品的特性，才可以讓顧客把你推薦的產品從競爭對手的產品或製造商的其他型號中分辨出來。一位生產商可能會提供幾個不同款式的冰箱，而每個款式都有些不同的特性。

製造商還會利用品牌來表明那些是他們的產品。每個牌子都有幾個屬於自己產品的特性和特徵，如是否是手工製作、品位、品質、款式、舒適度和價格，而就是這些特徵使人們能分辨出某個品牌。有些顧客非常熱衷某幾個牌子，長期點名購買，我們稱這些顧客為「忠實的品牌擁護者」（brand loyal）。

一位良好的店員應充分認識他或她所售賣的產品，以及有關它們的一切特性。

店員：「II牌冰箱併排設計的好處是能造就一個容量大的冷凍空間，可以儲存很多細小物品。」

顧客：「原廠來的就只有這些顏色嗎？」

店員：「H牌冰箱是為方便用戶自行改裝而設計的，你可放進幾塊同材料的隔板作為食品儲存櫃。它外殼表面所塗抹的是原廠鋁質油漆，標準顏色有白色、杏色和黑色，每種都有暗面或光面供選擇。」

顧客：「價錢方面有什麼區別？」

店員：「你可能也會知道 H 牌這個冰箱牌子是製造高級貨品的，所以它的價錢會比較昂貴一點。但是，它向來以優質產品而

著名，而且 H 牌所有冰箱的型號都有保修期。傳統式的……」

這位店員已經充分講明了產品的幾個特性：設計、容量、顏色、油漆種類、價格和保修期，必定會引發顧客一連串的回應。

第二節　店員要認清產品特性

由於產品和服務種類繁多，要認識所有關於它們的項目是一件困難的事，那麼，一位店員是怎樣成為介紹待售商品的專家呢？答案會因不同的店鋪和產品而異，不過有幾個資料來源卻是可以信賴的：

(1)標籤和包裝；

(2)製造商和供應商；

(3)推廣講座、刊物和同事。

產品標籤擁有大量資料，包括它的製造物料、使用方法和護理指示。雖然產品的資料會因為產品的不同而在數量及種類提供上有分別，但是，有些資料卻是法律規定必須提供的。

1.纖維含量和護理

所有服裝和傢俱用品均需要列明原產地、纖維含量和護理指引。這些資料對於顧客的購買決定有著非常重要的影響。

在美國，根據紡織和纖維產品標籤法案，永久性標籤需要註明產品是由那個國家製造，例如，義大利製造、美國製造等，但城市名稱則不需要顯示出來。

這些標籤一定要列出纖維含量，例如，100%棉、100%聚酯纖維或 60%棉及 40%聚酯纖維。含量最多的纖維要首先列出，其他纖維則按含量多少而排列。衣物是否舒適和耐穿會受纖維含量所影響。

店員：「這些內衣是用 100%棉製造的，絕對適合炎熱的夏天穿著。棉製品比聚酯纖維混棉的同類產品更能讓你的皮膚透氣，也讓你感覺更清爽。」

顧客：「但日後它們的色澤會變得如何？」

店員：「護理指示說要把不同顏色的衣物分開洗滌，這是因為天然纖維是會褪色的。」

根據美國的永久性護理標籤法案，衣物和傢俱用品都必須有永久性的標籤列出護理指引，例如，洗滌方法或產品是否「只適宜乾洗」。而可以用水洗滌的物品又要註明應該用洗衣機還是人手清洗，可否烘乾或只能晾乾，另外又能否熨燙或漂白。

有關衣物護理的常見問題有：

「這件衣物會縮水嗎？」

「顏色是否會逐漸褪去？」

「我可否用乾衣機烘乾？」

護理標籤能使你正確地回答這類問題。瞭解原料的特性也可以幫助你向顧客解釋他們能夠從某產品上期望什麼東西。例如，一件 100%聚酯纖維製造的襯衣可以用水洗滌和烘乾，如果護理指示確實這樣說的話，它應不會縮水或褪色。但是，一件 100%棉製造衣物如果洗滌不得法，則會縮水。

在給予顧客任何忠告之前，你要查核清楚護理指示和纖維含量標籤。通常，羊毛和皮革物品必須乾洗。一些絲綢製品會有指示說它們可以用水清洗，但要小心防止褪色，也要小心熨燙。有些顧客不喜歡花錢在乾洗上；但也有一些顧客情願給別人乾洗自己的衣物，也不喜歡自己動手洗燙。

當顧客完成購物，而你在替他們包裝的時候，最好和顧客一起查

看那些護理指示。很多時候，你個人對某種物品的經驗和其他顧客所給予的意見都是很有參考價值的。

　　店員：「標籤上說明這些褲子是可以用乾衣機烘乾的，但是，如果你把它們自然晾乾之後熨燙，它們也不會縮水。」

　　2.食品

　　包裝食品也必須列出含量和營養資料。正如纖維製品一樣，成分最多的配料必須首先列出，其他配料以成分的多少而排列。例如，微波爐爆穀會首先列出爆穀和油，然後是其他成分少的食物產品和配料或防腐劑。大部份的營養資料必須依據一個特定的分量而分拆開──包括每份包裝可供多少人或多少次食用，以及每個分量所含的卡路里和脂肪量。這些資料對於那些因為健康問題而對飲食有特別需求的顧客尤為重要，例如患有食物過敏症的人。

　　3.化妝品、浴室用品和藥物

　　法律規定個人護理物品必須列明所含成分和必須注意的事項，顧客可能需要知道一件產品是否含油質或帶香味，又或者是否含有會令他們的過敏症發作的成分。因此，你要知道如何在包裝上尋找有關資料，然後就顧客的個人需要幫助他們做出最好的選擇。

　　4.家居、園藝及汽車產品

　　大部份這些產品的構成元件、用法和維修資料都會印在盒、袋或其他包裝上，店員應該熟悉你店鋪所售賣的產品，並且需要知道在那兒可尋找得到顧客最常詢問的資料。

　　5.製造商或供應商

　　產品製造商通常會提供一些小冊子、錄影和其他形式的產品資料來教導店員如何介紹他們所售賣的商品，這些資料可能包括一些銷售技巧、陳列或示範商品的建議。

可通過下列管道來尋找製造商或供應商所提供的資料：

(1) Internet；

(2) 產品的包裝；

(3) 保修證、裝配指示和護理說明書；

(4) 製造商的免費諮詢電話；

(5) 行銷代表。

6. 推廣講座、刊物和同事

有店鋪會為店員和顧客舉辦一些產品的推廣講座和現場示範，你必須利用這些機會多認識有關你將要售賣的產品。一個裝配木地板的實習班，或是關於最新一季服飾的時裝表演，都會帶給你一些顧客希望得到的資料。

其他的資料來源有：

(1) 圖書館或書店；

(2) 行內雜誌；

(3) 同事、店長和顧客。

你一旦獲得任何有關產品的知識，記住要和顧客分享你所明瞭的：向他展示外套裏面的護理標籤；示範如何把庭院折椅折好；指出跟烤魚相配的烹調食譜。如果產品有保修期的話，跟顧客檢查一下，並提醒他寄回登記卡。

為了要確保自己與顧客沒有語言上的誤解，不應使用顧客不熟悉的專業措辭或術語。

第三節　店員如何示範產品

「百聞不如一見」，這句話也適用於銷售過程中。要向顧客說明產品的特性和好處，其中一個最好的方法就是行動上讓他們實際地看那些賣點。如果顧客可以用嗅覺、觸覺或味覺去感受一件產品，或者親自操作使用一下有關產品，他們很快就會明瞭產品所能夠給予他們的好處。

這道理對於一些不懂得怎樣使用某些產品的顧客來說尤為正確：當你向顧客示範一部錄影機可以如何輕易地錄下一些電視節目後，顧客大多會把它買下來。美容界的顧問會知道，如果她們向顧客示範運用化妝品或護膚品的正確方法，商品的銷路就會好些。倘若你讓顧客品嘗新款食品之餘，同時教會他們如何預備及烹調，他們大多也會做出購買的決定。

顧客：「這些是什麼控制按鈕？你們沒有一種只有簡單開關的跑步機嗎？我只想鍛鍊身體，不是想要一部需要說明書才能啟動的高科技器械。」

店員：「其實要學會操作這台跑步機是很容易的，而且也不需要什麼操作說明書。你走上去，我會給你做示範。」

顧客：「好吧！」

店員：「看！只要按著這裏，並輸入你想鍛鍊的時間……然後這部機器就會提示你餘下的步驟。它會給你幾個選項，每個都提供分量差不多的鍛鍊程式，日後你可以逐漸增加速度和延長鍛鍊時間。或者如果你喜歡的話，可以慢慢來，暫且選擇最基本的來鍛鍊，讓自己輕鬆一點。」

顧客：「你說得對，這樣的操作總算簡單。」

店員：「還有，如果你按著這個鈕，就可以看到自己正在消耗多少卡路里。此外，如果緊握這個把手，你就會得到心臟跳動的讀數。而那裏的小圖表會告訴你，以你的年齡和體重計算，正常的讀數應該是多少。」

顧客：「非常好！它有保修期嗎？」

通過向顧客展示跑步機的簡單操作和使用方法，同時讓她親身嘗試這種器械可帶給她的鍛鍊效果，其實店員已經為「讓顧客做決定」鋪好了路。

1. 讓顧客切身感受並試用你的產品

無論你在售賣什麼東西，都應該找些機會讓顧客親身體驗那些產品或服務，例如，如何結紮絲巾、怎樣使用清潔劑或者鋪設陶瓷磚塊。讓顧客拿著你的產品，使他們可以感受到它的重量或材質。另外，鼓勵選購物品的客人操作控制按鈕、調校計時器、開關或者聽聽使用某產品時會發出的聲音。

在你要拿某產品作示範或讓顧客試用之前，需要小心檢查物品是否操作正常。如果顧客發現門閂鎖不上，蒸煮器具沒有蒸汽或者鬧鐘並不會響鬧，都會給他們留下壞印象。店員事前應親自測試過有關產品，以明瞭它的用法——無須在顧客面前逐步摸索，能夠毫無錯漏地展示出產品的特性和用處，亦不會給顧客一個難於使用的感覺。你也可能因此發現一些裝配或操作上的啟示，繼而傳授給顧客。如果你發覺產品並不可以正常操作，你應該逐一解決有問題的地方，不要讓顧客帶著損壞的商品回家。

在你未拿出產品做示範之前：

(1)檢查一下，確保它們沒有被劃傷、撞凹或帶有任何污漬；

(2)測試所有電動產品，以確保電源供電正常；

(3)示範任何使用電池驅動的產品前，必須放進全新的電池；

(4)親身裝配產品，以確保裝配指示清楚無誤；

(5)檢查所有配件是否齊全；

(6)確保所有可關閉或合上的地方運作是否正常，例如，拉鏈和門鎖。

2.表演示範

以下幾項是有關示範產品或讓顧客親身體驗產品的建議：

(1)電器和工具

接通電源，讓顧客看到並聽到產品運作的情形。示範電鑽不同的轉速，設置時鐘的響鬧，預設錄影程式和重撥功能，又或用微波爐烤幾個麵包圈讓顧客品嘗。雖然味道和香味並不是微波爐的賣點，但是，顧客們卻見證了微波爐的好處！

(2)食物

向顧客展示怎樣使用某種材料或烹調一種食品。派發食譜，陳列幾款建議的菜肴，並讓顧客現場品嘗。建議如何把某種食品搭配其他菜式，例如，做一頓與眾不同的假日大餐，又或將它製成適合野餐或其他戶外活動享用的食物。

(3)傢俱

鼓勵顧客親身體驗。請他們用手觸摸傢俱表面的纖維或木料，坐到椅子上或到床上躺臥一會兒；餐桌布、食具和玻璃器皿佈置桌面；整理床鋪後，旋轉兩個有特色的睡枕；安樂椅旁的桌子上，擺放一座台燈和一些讀物；給顧客展示如何從沙發床拖拉出床褥，也可請顧客坐到臥椅上，嘗試調整它的斜度等等。

⑷化妝品和浴室用品

提供一些小巧的樣品給顧客拿回家試用；開啟並註明那些是可試用的產品樣本；建議顧客使用你的產品；把沐浴露或沐浴泡沫放進一盆溫水中，讓顧客觸摸它的質感或嗅嗅它的香氣。

永遠要在光線充足的地方向顧客展示產品，但由於人工的燈光會使產品原來的顏色失真，所以最好把某些產品，尤其是衣服，在窗前或店外的自然光線下給顧客展示。

第四節　顧客最關心的是商品的功效

要為顧客的需要找出完美配對，單單說明和示範產品的特性只是其中的一部份。其實，不停地講解產品的賣點並不會引起顧客的興趣，除非他們看到那些產品特性真的對自己有好處，因為能吸引一個人的東西，未必對其他人有任何影響力。

製造商設計並決定產品的特性，但只有顧客才可以確定它的好處。正因為每個人都有自己獨特的需要和愛好，你要多些理解顧客的需求，才能夠知曉顧客將會如何從你所售賣的產品和服務中獲益。

顧客希望產品或服務可以提供以下一項或多項功能：

⑴提供基本的維生需求；

⑵替他們節省時間、氣力和金錢；

⑶改善他們的個人形象和身份象徵；

⑴提升或保持他們的財產價值。

你首先要知道產品特性能夠如何使整體顧客收益，然後集中注意那些受個別顧客重視的特性。

顧客:「我不能確定是購買長沙發,還是雙人沙發比較好。」

店員:「是空間問題嗎?」

顧客:「不是。客廳其實很大,但是,因為我們時常款待客人,所以需要一些空間來放置其他椅子和物件。」

店員:「長沙發可以讓你躺下休息,也可以讓全家人一起坐著看電視。可是,要款待客人的話,兩張面對面的雙人沙發則令你容易和客人交談,而你也可以多買一兩張椅子作為配對。而幾件細小的傢俱卻可以適應不同的情況,重新做出不同的搭配和組合。」

在這個例子中,小一點的傢俱更有利於這位顧客的生活方式,而店員也可以協助顧客發掘其他好處。

店員:「你想要什麼顏色的雙人沙發呢?」

顧客:「我很喜歡白色,因為它看來潔淨。不過,我不知道那種淨白的色調可以維持多久,因為我們家中有小孩子。」

店員:「這種雙人沙發的座位有可以拆除下來洗滌的椅套,所以比較容易保持清潔。它們有米色、珍珠色或其他較淺的顏色,會令你的房間看起來更光亮和精神。這些淺淺的顏色,好處是容易更換外觀,只要你放置一些色彩斑斕和季節性的鮮花、抱枕和桌布之類的東西便成。」

注意這位店員是如何利用產品的特性,如尺碼、顏色和功能,來配合個別顧客的需求和愛好。要理想地做到這點,你必須要認識你所銷售產品的所有特性和它們的潛在好處。

細心地全面檢查你銷售的產品或提供的服務,然後為每項特性找出儘量多的好處,來滿足顧客的需求。

第五節　在商品和顧客間建立聯繫

如果顧客知道自己想要尋找一樣具有某些特性的產品，像品牌、價格、顏色等，店員要找出符合他需要的物品就會較容易。不過，當顧客並不清楚他想要什麼的時候，你就要把握這個機會，將產品的特性和好處，與他的需要做出配對。

某些對一位顧客十分重要的產品特性和好處，可能對另一個人而言卻無關痛癢。例如，一塊耐用、防銹的桌面對於一個有小孩的家庭，是一項重要的傢俱特性，但對另一個沒有小孩的家庭來說，那種特性意義卻不大。所以運用開放式提問去找出顧客所需，就成為你工作的一個重要環節。當顧客向你說明他的需要時，你就要及時想想有什麼產品的特性可以與那些要求互相配合，不要浪費時間跟顧客討論對他毫不重要的事情。

利用「誰」、「什麼」、「那兒」、「何時」、「怎麼樣」或「為什麼」來提問顧客，這樣他們給你的回應就會比純粹回答「是」或「否」提供更多的資料。

如果你能夠提供可以協助顧客做出最佳選擇的信息，他們將會感激你。例如，顧客未必知道不同的油漆（特性）會帶來不同的效果（好處）。

徐遠是一位五金店的店員，他知道下列這些信息對於他的顧客是何等重要：

顧客：「我需要這些油漆，每種顏色各要兩桶。」

徐遠：「我可以立刻替你把它們調好，你想要些什麼固色劑呢？

225

顧客:「我不知道,有什麼可供選擇?」

徐遠:「有好幾個,首先請你告訴我,你將用油漆抹些什麼東西,然後我們就從那兒著手。」

顧客:「這個黃色是廚房用,而藍色是客廳用。」

徐遠:「我建議廚房用帶半光澤的油漆,因為它能形成硬一點的漆面,讓你在清洗爐具及其他被濺汙的地方時更覺容易。至於客廳方面,是普通的家用起居室,還是正統一點用做招呼客人的?」

顧客:「客人用的,我們另有一個自己的起居室。」

徐遠:「那麼,我會建議你用淺薄的油漆,因為看起來感覺較柔和。雖然不可以時常清洗,但對於你的客廳來說,應該不會有什麼問題。」

顧客:「好吧!就替我把這些油漆調好。當我有機會翻新浴室的時候,你可以再給我一些建議。」

利用適當的問題,你可以輕易地將你要銷售的產品和服務與顧客的需要互相配對。

林燕是一家書店的店員,她知道若要清楚顧客的需要,唯一的途徑就是直接向他們提問。

林燕:「你今天想為自己買書,還是想選購禮物送給別人呢?」

顧客:「我正想買一份禮物送給媽媽。」

林燕:「你媽媽對歷史或文藝有興趣嗎?她有什麼嗜好?」

顧客:「喔,她算是一位電影迷,但是,我相信她已經有很多這方面的書籍了。我猜媽媽熱衷的其他東西就是她的孫兒和烹飪。」

林燕:「一本新的烹飪書怎麼樣?」

顧客:「我不知道……她正在減肥。」

林燕：「我有個主意，有本剛出版的烹飪書收集了電影明星和其他名人所提供的低脂肪食譜和保健方法。你媽媽可以一方面嘗試新食譜，另一方面保持她的減肥計劃，同時也可以認識多一些她有興趣的人物。這本就是……」

顧客：「好主意！她會喜歡那些圖片的。你們有禮品包裝服務嗎？」

這位店員最終能夠在特性和好處間找出完美配合，全因她聆聽了顧客的需要。

第六節　讓顧客稱心如意的方法

熟悉產品和服務，並能夠解釋他們的特性和好處，是營造銷售機會的必然途徑。當你對所銷售及提供的東西越來越有認識以後，顧客便會開始視你為這方面的專家，他們會向你徵詢意見、信任你的忠告，要與顧客建立長久的關係，也就是這樣開始的。

每次你向顧客查詢他們對將會購買或剛剛買下的產品有什麼意見時，這種關係也得以建立。如果顧客跟你買了某些產品，日後為了它們的補充裝、替換品或附件再度蒞臨，你可以詢問一下那件物品的使用情況，顧客會很高興你仍然記得，還那麼重視他們。

當顧客透過你的協助而能夠享受購物的樂趣，你已經加強了自己的地位——一位值得他們信賴的人。如果顧客對購買的某件物品感覺失望，你就要多點認識那位顧客和他所選購的產品，以為將來可以為顧客找到更完美的配對而鋪路。

向那些正在使用你產品或服務的顧客諮詢第一手的意見和評

227

價，你可以用這些實際例子，跟其他潛在買家分享某物品所能帶來的好處。你亦可以給他們傳授那些從有經驗顧客身上收集得來的，關於如何令選購的物品運作得更好和更耐用的方法。

你可以運用幾項技巧從顧客身上收集這類意見，最容易的就是當顧客蒞臨店鋪時直接向他們提問。為增加與顧客再次接觸的機會，你應利用以下其中一個方法：

(1)確保顧客知道可以怎樣跟你聯絡；

(2)確保自己知道可以怎樣跟顧客聯絡；

(3)提供方便的途徑讓顧客給你提意見。

1.顧客跟你聯絡

最明顯、但又不時被忽略的一個步驟，就是要確定顧客知道你的名字。如果你還未做到的話，記得下次在完成買賣交易前，向顧客介紹自己。即使你早前已經自我介紹過，你也可以趁著感謝顧客回顧的同時，再向他們提及你的名字。

店員：「馬先生，我很高興今天能夠為你服務。下次你再蒞臨的時候，如果認為我可以幫得上忙的話，就請你找我吧，我的名字是鄭凡。」你也可以鼓勵顧客在往後的日子讓你知道他們所買的東西運作得怎樣，若你有名片的話，甚至可以把你的名片交給他們。

店員：「我很想知道你覺得這產品運作得怎樣，我時常有興趣知道顧客對我們所售賣的產品有什麼評價。這是我的名片，歡迎你的意見。如果這件產品並不理想，我樂意替你找一件更適合你需要的產品。」

2.你跟顧客聯絡

有些交易是適宜做出跟進，並就顧客所購買的東西向他們諮詢意

見的，尤其是那些昂貴及需要送貨服務的商品。你要確保有正確的資料，以聯絡得到你的顧客，也要預先獲得他們的同意來讓你做出有關的跟進服務。

　　店員：「如果方便的話，我想在一星期之後跟你聯絡，看看這件商品運作得怎樣。我可以打個電話或發個電郵給你嗎？」

　　店員：「我想在送貨後的那天給你打個電話，以報告一切是否妥當，如果我在晚上 7 時～8 時打電話給你，可以嗎？」

3.令回饋更容易

　　有些店鋪給顧客提供表格或調查問卷，收集他們的意見。但是，很少人會好好利用這些溝通工具，表格都是放在付款台上鋪陳而已。顧客很可能不願意主動拿取那些表格，因為他們恐怕你會誤會他是用來投訴你或你的服務。因此，為了要讓顧客知道你對這項工作表現認真，也歡迎他們所給予的回饋，應鼓勵他們拿取有關表格，填妥後寄回店鋪。但更好的做法是在表格上經手人一欄，填上你的名字，然後親手交給顧客或和已付款的商品一起包裝。這樣表示你歡迎顧客所提出的意見，而且也對自己的服務充滿信心——表現出真正專業人士的特徵。

　　店員：「我們不斷尋求可以改善我們產品和服務的方法，所以現在給你這張意見卡，歡迎提出任何意見，我們會支付所需郵費的。」

　　店員：「今天很高興能夠為你服務，我歡迎任何你願意和我分享、有關你購物經驗的意見。當你寄回調查問卷後，本店會送你一張購物優惠券，下次購物時可以使用。」

　　假如你的店鋪並不提供意見表格或調查問卷，你可以直接向顧客查詢。

店員：「謝謝你今天來到本店購物，有沒有什麼可以令我們的服務更為週到的建議呢？」

店員：「很高興今天我能夠為你服務。如果還有什麼可以為你效勞的，不要客氣，請向我提出，我的名字是李琪。」

店員：「多謝你的回顧。假如你有什麼問題，或者對我們的服務有任何意見，請聯絡我。我已在收據上、電話號碼旁邊寫下了我的名字。」

當你給顧客提供意見的時候，你也為一段會持久發展的關係打開了大門。日後，每當他們重臨你的店鋪時，他們會點名找你。顧客更會將你推薦給他們的朋友和家人，也會告訴鄰居，你便是那位能夠就每個人不同的需求而成功協助他們找出完美配對的人。還有什麼比這更好的方法可以為現在和未來營造銷售機會呢！

心得欄

_____

_____

_____

_____

_____

_____

第 *13* 章
店員必備的銷售商品技能

　　店員的重要工作就是將商品銷售出去，掌握商品銷售技能是不可少的，如何做好準備工作、巧妙地展示商品的性能、適時地推薦、明確商品的重點、促使顧客下定決心購買、妥善的收銀等，表現出店員服務水準，進而影響到顧客對店鋪的信任度。

第一節　顧客的購買過程

一般來說，顧客在完成購買行為的過程中要經歷以下幾個階段。

1.興趣階段

　　有些消費者在觀察商品的過程中，如果發現目標商品，便會對它產生興趣，此時，他們會注意到商品的品質、產地、功效、包裝、價格等因素。當消費者對一件產品產生興趣之後，他不僅會以自己主觀的感情去判斷這件商品，而且還會加上客觀的條件，以作合理的評判。

2.聯想階段

　　消費者在對興趣商品進行研究的過程中，自然而然地產生有關商

品的功效以及他可能滿足到自己需要的聯想。聯想是一種當前感知的事物引起的對與之有關的另一事物的思維的心理現象，消費者因興趣商品而引起的聯想能夠使消費者更加深入地認識商品。

3.慾望階段

當消費者對某種商品產生了聯想之後，他就開始想要這件商品了，但是這個時候他會產生一種疑慮：「這件商品的功效到底如何呢？還有沒有比它更好的呢？」這種疑慮和願望會對消費者產生微妙的影響，而使得他雖然有很強烈的購買慾望，但卻不會立即決定購買這種商品。

4.評估階段

消費者形成關於商品的擁有概念以後，主要進行的是產品品質、功效、價格的評估，他會對同類商品進行比較，此時店員的意見至關重要。

5.信心階段

消費者做了各種比較之後，可能決定購買，也可能失去購買信心，這是因為：

⑴商品的包裝陳列或店員促銷方法不當，使得消費者覺得無論怎樣挑選也無法挑到滿意的商品。

⑵店員專業知識不夠，總是以「不知道」、「不清楚」回答顧客，使得消費者對商品的品質、功效不能肯定。

⑶消費者對賣方信譽缺乏信心，對售後服務沒有信心。

6.行動階段

當消費者決定購買，並對店員說「我要買這個」同時付清貨款時，這種行為對店員來說叫做成交。成交的關鍵在於能不能巧妙抓住消費者的購買時機，如果失去了這個時機，就會功虧一簣。

7.感受階段

購後感受既是消費者本次購買的結果，也是下次購買的開始。如果消費者對本次結果滿意，他就有可能進行下一次的購買。

第二節　準備階段的工作

在銷售的準備階段，店員應邊做銷售準備、邊等待接觸顧客的機會。一般來說，這一準備時間的長短與商品價格的高低、消費時間的長短成正比。像名貴首飾、高檔服飾、高檔傢俱、家用電器等價格偏高的商品和耐用消費商品，等待的時間會比較長；而價格偏低的商品、生活必需品和日用消費品，如中低檔服裝、化妝品、食品、飲料、毛巾、水果等，等待的時間相對較短。

1.等待顧客上門時

店員在等待顧客上門的過程中，要設法吸引顧客的視覺，利用整理商品、佈置商店環境來引起顧客的注意。在等待顧客的過程中，店員一定要避免絮堆聊天、吃東西、剪指甲、化妝等不符合店規的現象產生。

在等待顧客上門時，店員要做到：

⑴正確的等待姿勢

將雙手自然下垂輕鬆交叉於身前，或雙手重疊輕放在櫃檯上，兩腳微分平踩在地面上，身體挺直、朝前，站立的姿勢不但要使自己不容易感覺疲勞，而且還必須使顧客看起來順眼。另外，在保持微笑的同時還要以極其自然的態度觀察顧客的一舉一動，等待與顧客做初步接觸的良機。

⑵正確的等待位置

店員等待顧客上門的正確位置是能夠照顧到自己負責的商品區域並方便與顧客初次接觸。因商品種類及商店政策的不同，店員的等待位置也有所不同。

①封閉式櫃檯

這是較傳統的櫃檯式售貨，店員都是站在櫃檯裏面，顧客站在櫃檯外面觀察和購買商品。在這種封閉式的商店裏，店員必須明確自己的固定位置。當顧客稀少或因節假日繁忙商店要臨時增加人員時，這個固定的位置就要隨時發生變化，此時店員就要清楚自己的機動位置。

②開架式銷售

這種銷售方式店員也有自己固定的位置，不過活動的範圍較大。一般要求店員在所轄範圍內隨處走動四處觀察，盡可能照顧到所有顧客。

2.暫時沒有顧客時

在商店暫時沒有顧客時，要求店員長久保持等待顧客上門的姿勢是一件困難的事情，有時候也是徒勞的，因為顧客不喜歡到非常冷清、店員都木立不動的商店去購物，他們喜歡湊熱鬧，喜歡到看上去熱鬧的商店去購物。同樣，也常聽到店員的抱怨：「有時寧願忙一點也不願閑下來，一閑下來不知道做什麼才好。」這句話說明許多店員根本不懂得如何利用空閒的時間。基於此，在暫時沒有顧客光臨時，店員們應抓緊時間做以下工作：

⑴檢查環境與商品

在營業開始之前，店員一般都已經做過這一工作，但商品展區的衛生可能因為顧客的常到來，留下點兒泥土、紙屑、果皮；展區商品

原本是完好無損的，可是經過眾多顧客撫摸之後，也可能會汙損。因此，店員必須利用沒有顧客的空閒時間，隨時清理展區的環境衛生，認真檢查商品品質，把有毛病或不合格的商品挑出來，盡可能地遮掩或移至相對隱蔽的位置，以防流入顧客手中而影響商店聲譽。

(2)補充、整理商品

商品在顧客挑選和購買之後，要進行重新擺放和補充。店員應注意看當天已賣出了那些商品，記錄是否齊全。然後隨時補充不足的商品，及時更換破損的宣傳品，並檢查貨架與商品的衛生。

(3)其他準備工作

如果等待的時間較長，店員還可以做一些其他的準備工作，如製作商品標籤和一些簡單的宣傳品；學習充實有關商品和商品陳列技巧方面的知識(有些進取、用心的導購代表，會利用自己負責的展區暫時沒有顧客時，細心觀察其他導購代表的銷售技巧，學習別人是如何說服顧客購買的，從而以別人之長補自己之短，這是很值得效仿的工作態度)；注意競爭產品的銷售狀況和市場活動。

下面來看一個聰明的店長是怎樣充分運用這 技巧的：

一家位於鬧市區的珠寶店平日門庭若市，顧客川流不息，但是有一天因為下雪的緣故，光臨的顧客很少，店員們都在想：「路面這麼滑，天氣又冷，誰肯出來逛街呀！唉，今天就徹底休息吧。」於是，一個個懶洋洋地不知道做什麼才好。店長看到這種情形，就對店員們說：「好了，現在讓我們打起精神來，開始打掃衛生吧！」於是玻璃櫃中的項鏈被一條條地拿了下來，等櫃子擦乾淨之後，再將絨布擺好、項鏈放進去，第一層清洗完畢再清理第二層……

過路人被該商店的清掃工作吸引了注意力，他們認為：「這家

珠寶店一定已經賣出了很多東西，才會整理櫃檯。」有了這種感覺，顧客便會不知不覺地走入店中想湊湊熱鬧、看個究竟，這樣，店長吸引顧客注意的目的便達到了。

3.不正確的等待行為

店員等待顧客上門的銷售前期，所有的準備活動都是銷售工作的輔助工作，所有的活動都是為了更好地促成銷售。在這一階段，店員要避免不正確的等待行為：

⑴躲在貨架後偷看雜誌、小說或化妝。

⑵幾個人聚在一起七嘴八舌地聊天，或是隔著貨架與同事大聲喧嘩嬉笑。

⑶胳膊抵在商品上、貨架上，或是雙手插在口袋裏，身體呈三道彎狀。

⑷背靠著牆或依靠著貨架，無精打采地胡思亂想、發呆、打呵欠。

⑸要麼百般無聊地站在貨架一旁，要麼隔一會兒從衣兜掏出點零食放進嘴裏。

⑹遠離自己的工作崗位，到別處閒逛。

⑺非常凝神，或是不懷好意地觀察顧客的服裝或行為。

⑻對顧客視而不理，或在整理票據或商品時，有顧客向自己打招呼，自己卻不耐煩地說：「喊什麼喊，沒看我這兒正忙著嗎！」或是「等會兒，你先看看別的。」

第三節　提示商品的技巧

在初次接觸並接近顧客之後，店員還要對顧客進行商品提示，這才可能售出產品。所謂的商品提示，不僅僅是把商品拿給顧客看看，還要求店員將商品本身的情況做簡單清楚的介紹，以提高顧客的聯想力，刺激購買慾望的產生。

1. 商品本身的情況

店員向顧客介紹的商品情況包括：

(1)介紹商品的效用

顧客購買一種商品，首先想要知道的就是這種商品的使用效果。所以，店員一定要設法多向顧客介紹這方面的情況，其中包括商品的款式、種類、使用方法、性能、功能、原料情況、技術流程、維修和售後服務等。其實「讓顧客瞭解商品的使用狀況」這個過程也就是店員做商品展示的過程，展示的目的是為了使顧客看清商品的特點，減少挑選的時間，引起購買興趣。

店員向顧客展示商品，應依據不同商品的特性採用不同的方法。例如，對於時裝、傢俱等商品，可以通過商品陳列或櫥窗展示的搭配效果，使顧客聯想到自己在使用的時候是什麼情景；對於服裝、鞋帽、飾品、化妝品等商品，店員與其口頭介紹商品，不如讓顧客親身試穿、試用一下，效果保證會好得多；對於保健器材和家用電器類商品，店員把操作方法說清楚並做了示範以後，最好讓顧客自己實際操作一遍，在操作過程中，顧客不僅可以進一步瞭解商品，對商品產生深刻的印象，而且可以引起豐富的聯想。

(2)提示商品的價值

店員在拿放商品時，應當小心，不能馬馬虎虎，亂扔亂放，這樣才能讓顧客感受到商品的價值。

例如，一位顧客專程到家門口新開的一家音像製品商店，進去問道:「有李玟的 CD 嗎？」一位店員看了看這位顧客，沒出聲，彎腰從架上拿出一張碟「啪」的一聲，扔到這位顧客旁邊專門擺放削價處理品的桌子上，「250 塊一張。」店員的舉動讓這位顧客感到不可思議:「我打擾他了嗎？難道他真要將這張摔過的碟片賣給我？」這位顧客覺得真不應該進這家店，於是，扭頭就走，從此沒再登過這家商店的門。

上例中，店員的舉動無疑在告訴他的顧客「這東西不值錢，沒必要買」。如果店員能對商品十分愛護珍惜，顧客就會從心中感受到商品的價值，認為這種商品值得去買。

店員還可以通過商品陳列展示來向顧客提示商品的價值。如:珠寶、飾品櫃檯為了表現出寶石、首飾的價值，特別注重週圍環境的襯托，在櫃櫃裏鋪上一層紅色絲絨，然後將項鏈、戒指整齊地擺在上面，再用柔和的燈光照射，顧客一看就已經可以知道它們的價值了。

(3)展示商品的種類

顧客購買商品時會通過比較來挑選出一件最為中意的商品。所以店員在為顧客展示商品時，最好是將不同顏色、款式、尺寸、質地、價格的同類商品多介紹幾種供顧客自由選擇。一是可滿足顧客的慾望，二是因為大多數的顧客希望購買到的商品是由自己判斷挑選的，而不是由店員推薦決定的。

雖然說店員最好為顧客展示多件商品，但店員一定要防止陷入這樣的偏失:因為給顧客看太多的商品，而令顧客眼花繚亂，反而難以

下決定。

李先生到一家專賣店想買條休閒褲，這時店員一條接一條地拿褲子給他看。

店員：「您看這條怎麼樣？」

李先生：(對著鏡子照了照)「還行，穿上挺舒服的。」

店員又拿出一條褲子：「這裏還有剛到的一種款式，您試試。」

李先生：「這條也還行。」

店員：「您試試吧。」

李先生換上褲子對著鏡子在比較。

店員(又拿出另外一條)：「這條面料是進口的，就是價錢稍貴了點。」

李先生(又換上一條)：「到底那一條好呢？也許應該叫上女朋友幫我參謀一下。」

店員在此時打斷了李先生的聯想：「我覺得這三條都挺適合您的，要不，您再看看這條。」

李先生：「是呀，都挺好的，但我沒有很多機會穿休閒裝，也沒有必要都買下來，那天叫上我女朋友和我一起再來吧！」

店員趕緊叫道：「等等，要不您再看看這一條怎麼樣，保證您穿上沒得說。」

李先生：「謝謝，不用了，改天我再來吧。」說完便離開了。

上例中的店員沒有領會顧客的真正購買動機，也沒有對顧客進行觀察、詢問，就開始向顧客展示多件商品，這樣反而會攪亂顧客的想法，從而錯失成交良機。由此可見，向顧客展示多少件商品較為合適，需要店員見機行事。

⑷介紹商品的價格

顧客購買商品，一般較關注商品的價格。店員向顧客介紹商品時，一般情況下，應該先介紹較便宜的商品，然後再慢慢地從低到高一一介紹。如果店員在不知道顧客想買什麼檔次的商品時，就介紹高價位的商品，會讓大多數的顧客認為這位店員在強行推銷，對於那些只想買低價位商品的顧客來說，會以各種藉口來挑商品的毛病，然後借機走掉，因為他們不好意思開口：「有沒有便宜一點的？」商店也因此而失掉此類顧客。

當然價格的介紹順序並不是固定的，店員對於商品價格的介紹還應視商店經營的商品情況而定。例如，主營高檔品的商店，可以先展示高檔品，再向中檔品方向進展；主營中檔品的商店，可先展示中檔品，再視顧客反應來確定是向高檔進展還是向低檔進展。

2.商品銷售的情況

顧客往往都有從眾心理，一部份人認為好的商品，也會得到大多數顧客的認同。所以，店員除了向顧客介紹商品自身的情況外，還可以簡單介紹商品的銷售行情，這也會得到顧客的認同。

對於商品銷售行情的介紹，可依下列順序進行：

⑴商品打折情況介紹

首先介紹商品的打折原因（如暢銷品、滯銷品、處理品、新產品試銷及過季產品折扣等），贈品價值及其實際使用價值等。

例如，「這種商品的品質很好，只是過了銷售的季節，所以才打折，其實它的使用效果和售後服務的保障措施跟原來完全一樣，況且我們現在還有禮品贈送，現在買是非常划算的。」

⑵銷售方式及優勢

店員可以及時向顧客介紹同類商品商家的銷售情況有那些活動

及保障措施。相比之下，自己所在的商店有什麼優勢。

及時地提示事實情況，可以幫助顧客作購買比較的決定，讓顧客自己意識到在這家商店購買最合適。

⑶同類商品的價格情況

這是最有說服力的證據。但這要求店員對同類商品在不同商家的價格情況有一定瞭解。

3.鼓勵顧客試用商品

顧客購買商品的心理過程是從「興趣」向「聯想」發展。而店員的商品展示就在於引導顧客這一心理過程的轉變。在作商品展示時，店員一定要儘量用感觀來吸引顧客。

人有視覺、聽覺、味覺、嗅覺、觸覺五種感覺，而根據心理學家的分析：人們對親身實地參加的活動能記住 90%，對看到的東西能記住 50%，對聽到的只能記住 10%。由此看來，在五種感覺中，觸覺對顧客的影響最大。因此，店員不僅要將商品解釋給顧客聽，拿給他看，更要讓他觸摸、試用，充分激發顧客的多種感官，以達到刺激其購買慾望的目的。

例如，顧客走進鞋店，發現一雙式樣好看的鞋子，但這並不能讓她下決心購買，她還要用手反覆觸摸，看看是否柔軟，是不是真皮的；做工是否精細、牢固；最後，她還要親自穿在腳上試一下，看是否合腳、走起路來是否舒服、穿在腳上的實際效果好不好，聯想一下能配那一身衣服，等等。惟有如此，顧客才可能決定買還是不買。

許多種商品都可以試用，服裝可以試穿，電視機、影碟機、唱片等可以試聽、試看，汽車可以試開，沙發可以試坐，食品可以試吃，還有很多商品可以觸摸感覺。

聰明的店員都會鼓勵顧客去試用產品，因為試用可以產生兩種結

241

果：一是試用過後，顧客總覺得虧你一份人情；二是顧客很難抗拒試用商品後的那份快感。這兩點對促進成交有很大的幫助，因此，店員不要為了防範那些只試不買的少數顧客，而失去想買的大多數顧客。應鼓勵顧客多觸摸、翻看、試用商品，使顧客對商品有一個真實、全面的感受，這要比單調機械的商品展示效果好得多。

第四節　拿取商品的方法

一、拿取商品的技巧

某新型炒鍋的專櫃前，一名顧客走到一款新型不沾電炒鍋前停下了。店員走了上去：「您好，先生！看看這款新型炒鍋吧，這種鍋炒菜不粘鍋，而且導熱也比一般的鍋快很多，家裏用很省電。」

顧客很感興趣：「真的啊？！我能看看嗎？」

店員一攤手：「您請便！」

顧客拿起鍋翻來覆去地看了看，店員靜靜地站在一旁等候。過了一會顧客將炒鍋放下：「我再看看其他的吧！」

發生了什麼事？顧客明明對這款新型炒鍋很感興趣，怎麼會又放棄了呢？根據案例中的描述判斷，這很可能是因為店員在一個導購推銷的關鍵環節上出現了失誤——沒有做好商品展示。當顧客滿懷興趣地打算進一步瞭解這種新型炒鍋時，店員僅僅是讓顧客自己「自便」，顧客不是專業人士，他看不出這種鍋到底有什麼獨特優點，必須透過店員進行適度的商品展示才能瞭解。讓顧客自己拿起商品隨便看不是商品展示，商品展示是一個連續的互動過程。

　　店員必須明白，商品展示說明是銷售訴求中最重要的一環，沒有其他的活動比商品展示更能加深客戶對商品的印象，因此，店員們要以虔敬的態度、謹戒的心情為顧客做好商品展示，更好地達成交易。

　　商品展示的定義是：把顧客帶引至產品前，透過實物的觀看、操作。讓顧客充分地瞭解產品的外觀、操作的方法、具有的功能以及能給顧客帶來的利益，藉以達成銷售的目的。

　　商品展示是導購推銷不可缺少的一部份，當顧客有了購置目的以後，店員應採用適宜的展示方式，注意展示的技巧，使顧客能最大限度地感知到商品的精良品質，激發濃重的興致。如在展示概念性家居用品時，要把有趣的造型與奇妙的裝置展示出來；在展示名牌商品時，應突出其商標等。

二、店員不要用動作來否定商品價值

　　秋末時節，兩名女顧客到一家內衣專櫃選購秋衣。店員帶著兩位顧客到貨架上選購，結果一位顧客看上了一款紫紅色的厚修身秋衣，只是對秋衣的顏色不太滿意。

　　店員想了一下，然後說店內好像還有其他顏色的，然後就蹲在貨架下翻檢，找到了兩件黑色的同款秋衣，就順手扔了出來。兩位顧客互相看了一眼沒有說話。在看過商品後，顧客又要求再給打個折扣，店員不肯讓步說：「這個秋衣品質可好了，裏面有30%的羊絨，是秋衣裏面的高檔品，不能再打折了！」

　　顧客撇撇嘴：「瞧這個秋衣在貨架下壓得皺巴巴的，又讓人扔來丟去的，高檔品你們會這麼對待嗎？……」

　　當店員隨手將秋衣丟出來，扔到地上時，她就是在用自己的動作

來否定商品價值。試想一下，如果給你一個高價值的商品，你會把它隨意丟擲嗎？因而這種拿放商品的方式必然會讓顧客感到不舒服，尤其那正好是顧客選中的商品。

　　拿放商品是店員的一項基本技能，也體現著店員的職業道德水準。拿放商品要做到規範準確，既要向顧客展示商品，又要愛護商品；對於不同類型的商品，應有不同的拿放方法。一般應掌握的原則是：動作敏捷，輕拿輕放，愛護商品，展示全貌，拿放得當，講究禮貌。切忌摔、扔、拍、打商品，以至於使顧客感到冷淡失禮。

　　不同的商品有不同的拿放技巧，店員一定要熟練掌握這方面的知識。

三、拿取商品的正確方法

　　在展示商品時，為了滿足顧客自尊心理的需要，一般應由低檔向中、高檔展示，這樣便於顧客在價錢方面進行選擇，提升顧客滿意度，促使交易勝利達成。另外，店員在展現商品的進程中，應尊敬顧客的人格，語調與神態應恰如其分，切記不要誇張，或吞吞吐吐，給顧客留下不好的印象。

　　那麼，店員做商品展示的具體方法有那些呢？

　(1)雙手展示法

　　雙手展示是一種最基本的展示方法，它便於展示商品全貌，引人注目，使用的面較為廣泛。例如，店員向顧客展示毛衣時，用雙手的大拇指、食指和中指抓住毛衣的兩肩，輕輕抖開，讓顧客看清毛衣的款式結構、長短大小、花色圖案等。

(2)形象展示法

形象展示主要用於衣料、襯衫、服裝等商品的展示，利用模特兒來形象展示，或在自身(顧客)肩上比擬展示。

(3)器械展示法

器械展示主要是用於如燈泡、日光燈管、電池、儀錶、儀器等商品。一般情況下，透過感官如目測、手摸等方法都不能使顧客對商品品質的優劣有所瞭解，而需要透過一定的器械檢測向顧客展示出商品的品質及其性能，讓顧客對商品瞭解和放心。

(4)指導展示法

指導展示，顧名思義是對顧客怎樣使用商品進行指導。一般是使用於品位較高、技術性較強、結構較複雜且如使用方法不當將會損壞的商品，這就需要由店員向顧客介紹商品的同時，指導使用方法，為顧客作示範操作。

(5)表演展示法

表演展示主要適用於樂器、玩具、電動玩具之類的商品，有的需要拆卸，有的要裝上電池才能開動，店員應作表演，吸引顧客觀看。

不同的商品進行展示時，由於商品本身的特性不同，以致強調的重點不同，或是實行展示的方法可能相異因而進行說明的方式也不盡相同。建議您盡可能地利用下列的方法，讓您的展示更生動、更能打動客戶的心弦。與此同時，店員還要掌握以下幾個介紹產品的小竅門，並自覺加以利用。

(6)形象逼真

講解產品時，語言加手勢，要活靈活現，使顧客好像眼前呈現出實物和使用狀態一樣。

245

(7)眼看手摸

如有條件,要拿出樣品讓顧客親眼看到、摸到。使其對產品百分之百的相信,產生購買慾。例如,房地產公司銷售樓花時,都會不惜本錢地蓋出一間樣板屋,讓參觀的客戶實際看到房屋的隔間、觸摸到室內的陳列物,並帶著客戶親身體會住這種樣品屋的感受。

(8)親身感受

如果不是昂貴的藥品和食品而不能隨便品嘗外,要讓顧客親自試用一下,讓顧客親身體驗和感受。

(9)體現價值

設法讓顧客看到商品的使用價值以及實際使用功能,切實知道其價值及作用。

(10)實情實價

對顧客要實談價格,實談功能,不能哄騙顧客,不能哄抬價格。

(11)增加戲劇性

最好是增加您展示的戲劇性。例如一家瘦身器材專賣店的店員,向顧客展示減肥的設備及步驟時,會發給每位參觀展示說明的顧客一個相當於 8kg 肉的體積及重量的東西,請顧客提在手上,然後詢問顧客:「你們願意讓這個東西一天 24 小時地跟隨在您身上嗎?」他以戲劇性的方式增加顧客減肥的期望。

(12)引用實例

必要時,可利用一些動人的實例來增強產品的感染力和說服力。從報紙、電視看到的消息,都可穿插於您的展示說明中。例如,淨水器的店員,可引用報紙報導某地水源污染的情況。

(13)少用專業術語

一些店員認為使用專業術語可以證明自己的專業,但是這對銷售

其實不會有太大的幫助，做商品展示時要用顧客聽得懂的話語。使用過多的「專有名詞」，會讓顧客不能充分理解您所要表達的意思，過多的技術專有名詞會讓顧客覺得過於複雜，使用起來一定不方便。

⒁把握顧客的需求點

掌握顧客的關心點，並證明您能滿足他。同樣一部車，每位買主購買的理由不一樣，但結果都是買了這部車。有的是因為車子安全性設計好而購買；有的是因為駕駛起來很舒適順手而購買；有的是因為車的外形正能代表他的風格而購買。因此，掌握顧客關心的重點，仔細地訴求，證明您能完全滿足他，是展示說明時的關鍵重點。

⒂遞送商品有講究

在做商品展示時，免不了要向顧客遞送商品，而遞送商品的手法也很有講究：遞送化妝品如香水時，左手食指在上輕按瓶口，右手手掌在下托住瓶底，柔和地遞到顧客面前；遞送衣服時，左手提住衣架或衣物的上端，右手托住衣服下擺，送到顧客面前，如果顧客要試穿，必須幫顧客取出衣架；遞送皮鞋時，左手捏住鞋的外幫，右手托住鞋底，同時蹲下身將鞋放在顧客腳邊以方便顧客試穿。

商品展示不是可有可無的小事，店員必須對此重視起來，並且做好有充分的準備，否則展示的效果必將大打折扣。一些店員的商品展示容易僅止於做商品特性的說明。如果你能在事前充分準備，如瞭解一般顧客的喜好、掌握商品的優點、規劃有創意的展示說明方式……那麼你就可以在導購推銷中佔據主動。

第五節　說明商品的技巧

店員的商品說明是直接引起顧客購買慾望的環節，在店員的服務過程中，佔有十分重要的地位。店員要向顧客做商品說明，首先要懂得商品知識。商品說明和商品知識不同，商品知識是有關商品的全部知識，而商品說明則只是介紹商品知識的一部份。一般來說，商品說明會依照選購情況的不同而有所改變，有時甚至是同樣的商品，因為顧客的購買需要不同，商品說明的內容也有所不同。

為了使自己的商品說明能激起顧客購物的慾望，店員應做到以下兒點：

1.認真瞭解顧客需求

每一位顧客對於商品的需求都有不同，店員只有瞭解了顧客的購買動機，才能向顧客推薦最合適的商品。在瞭解了顧客需求之後，店員應根據顧客的需要來介紹商品。假如不配合顧客的需要就介紹商品，對重視款式的顧客大講商品的性能先進，對追求品質的顧客大講價格便宜，這種張冠李戴的介紹不但不能使顧客產生信賴，反而會弄巧成拙。

一位講求實用性的顧客去配鏡中心配一隻隱形眼鏡，他說：「我在前一個月買了一副眼鏡，剛戴沒幾天，就在洗澡的時候丟了一隻，我想在你們這兒看看有什麼牌子的。」

這麼明顯的購買需求信號，店員居然沒有注意到，因為她沒有認真地去傾聽，也沒有告知顧客隱形眼鏡不可以在游泳、洗澡、刮大風時佩戴等知識，更沒有進行詢問，就一味地向這位顧客介紹：「噢，那您看看這種吧，這種現在最流行啦！」顧客說：「我

這一隻是可戴一年的，才戴了不到一個月，而且是藍色的鏡色。」店員自信地說：「這種也有藍的呀，您買這個吧。」顧客顯然已經沒了耐心，腳步開始向門口移動，隨口問道：「除了更衛生以外，還有什麼區別嗎？」店員不屑一顧地笑著說道：「衛生還不好哇，更科學呀，您就買這個吧！」這位顧客出於禮貌只好應付道：「好吧，我再考慮考慮。」結果，這筆交易就這樣溜走了。

由上例，我們可以看出，店員在做商品說明時，一定要投顧客所好，重點介紹顧客感興趣的部份，這樣顧客才有興趣去聽店員的說明。例如，對身材稍胖的顧客可以介紹說：「這件衣服款式的設計效果非常好，穿起來一點兒也看不出是 L 號，反而將您的腰身襯托得那麼苗條。」這樣一來，使這位顧客有「正合我意」之感。同樣，對注重商品外觀的顧客，店員應針對商品漂亮的造型和款式來做說明；對注重商品品質的顧客，店員應以質地優良為重點說明；對嫌商品太貴的顧客，則可以向他強調價格的合理性。總之，店員應在把握顧客需求的前提下，有針對性、有重點地加以說明。

有時候，顧客的需求並不限於一個方面，而是多種需求並存，針對這樣的情況，店員在介紹商品時，就應逐項進行說明，而不能等顧客問一句便答一句，更不能東一句西一句，使顧客無所適從。

例如，店員向顧客介紹電熱毯：「這個電熱毯是自動控制的，有兩個開關。它寬 1.5 米，長 2 米，重 3 斤，用 50% 的毛、25% 的棉和 25% 的化纖材料縫製，可以水洗，可以……」他講了很多，都是電熱毯的特點，但這些特點符合顧客的需求嗎？有符合的，只因為商品的功能太多了，加上介紹得沒有次序和重點，所以顧客可能什麼都沒記住。

為了使自己的介紹更有次序，更符合顧客的需求，店員可以對商

品的特徵加以概括，如「這個商品主要有四種功能，第一……，第
二……」或是「這個產品有自動控溫裝置，……還有……，總共有四
種功能」。用數字概括的商品說明，能使顧客一下就記住了功能數量，
如果他非常感興趣的話就會一項一項去探尋功能的內容。

2.充分激發顧客的情緒

店員個人並不能孤立地完成商品說明工作，往往需要顧客的配合
才能達到良好效果。店員應該認識到：推銷表述應該是種對話，而不
是自言自語，應該以一種簡單、輕鬆的方式進行。如果店員強求顧客
傾聽，而不顧及其感受，顧客可能只會記得你講的一小部份，且很有
可能因不感興趣而離開。如果能與顧客展開對話，讓顧客參與到說明
的活動中來，讓其發表意見，店員在適當的時機主動提問並回答一些
問題，就會大大提高談話中能夠被傾聽並且被記住內容的比例。

例如，店員可以結合商品向顧客發問：「我覺得這條短裙應該配
一雙長靴，上面再穿一件淺色的緊身毛衣，肯定特別精神，您說呢」、
「您也認為它不錯，是嗎」或「請問，您買冷氣機要放在多大面積的
房間」。店員在進行商品說明時，還可以結合一些動作，以使自己的
語言更有感染力。

3.仔細傾聽顧客要求

優秀的店員十分懂得傾聽的重要性。如果店員一味表達自己的意
見，可能引起爭論或使顧客心不在焉。而優秀的店員會讓顧客暢所欲
言，不論顧客的稱讚、說明、抱怨、駁斥，還是警告、責難、辱罵，
他都會仔細傾聽，並適當有所反應，以表示關心和重視。因為顧客所
言是「難以磨滅的」，店員可以從傾聽中瞭解到顧客的購買需求；又
因為顧客尊重那些能認真聽自己講話的人，願意去回報。

仔細傾聽顧客要求，店員應做到以下幾點：

⑴ 做好各種準備

首先，店員應做好傾聽顧客的心理準備，要有耐心。其次還應做好業務上的準備，對自己銷售的商品要瞭若指掌，要預先考慮到顧客可能會提出什麼問題，自己應如何回答，以免到時無所適從。

⑵ 集中注意力

店員在傾聽顧客講話時，要集中注意力，不可分神。當顧客說話速度太快或與事實不符時，店員絕不能心不在焉，更不能流露出不耐煩的表情。如果顧客發覺店員沒有專心聽他講話，店員就失去了顧客的信任。

⑶ 適當發問

雖然店員應耐心傾聽顧客講話，但為了表示對顧客講話的注意，可以適當地發問，這樣打斷對方比一味地點頭稱是或面無表情地站在一旁更為有效。

一個好的店員既不怕承認自己的無知，也不怕向顧客發問，因為她知道這樣做不但會幫助顧客理出頭緒，而且會使談話更具體生動。為了鼓勵顧客講話，店員不僅要用目光去鼓勵顧客，還應不時地點一下頭，以示聽懂或贊同。例如，「我明白您的意思」、「您是說……」、「這種想法不錯」，或者簡單地說一聲「是的」、「不錯」，等等。

⑷ 認真傾聽

店員傾聽顧客講話，並不僅僅單純為了傾聽，而是為了瞭解顧客的意見與需求。顧客的內心常有意見、需要、問題、疑難等，店員就必須要讓顧客的意見表達出來，從而瞭解需要、解決問題、清除疑難。在店員瞭解到顧客的真正需求之前，就要找出話題，讓顧客不停地說下去，這樣不但可避免聽之言片語而產生誤解，而且店員也可以從顧客的談話內容、聲調、表情、身體的動作中觀察、揣摩其真正的需求。

251

4.有力的說服

店員在介紹商品給顧客時，如果只空洞地說明「我們公司的產品是最好的」、「我們這個牌子的產品大家都喜歡」、「我們的產品全國品質第一」，並不能得到顧客的信任。要想讓顧客相信所介紹情況，店員最好向顧客提供證據來加以證明。

在介紹商品時，店員可以引用的證據有：獲得某項榮譽的證書、品質認證的證書、統計數據資料、專家評論、廣告宣傳情況、報刊的報導情況、等等。因為以往顧客使用商品的情況等，都能作為說服顧客購買商品的依據。

反過來，用口頭禪和含糊不清的用語則會使說服力大打折扣。

有的店員在進行商品說明時，不自覺地會使用「啊」、「嗯」、「大概」、「大約」、「差不多」、「可能」、「等於是」、「儘量」等口頭禪或話與話之間有長的停頓。若店員使用含糊不清的語言，輕則會讓顧客認為你對商品不熟悉，重則認為你不誠實。所以，店員一定要流利地表達商品說明語言。

一家商店裏，一位顧客問：「這個熱水器多少錢？」店員「嗯……？」停頓良久，才說：「750元。」顧客心裏馬上會產生不痛快：「怎麼，看人下菜碟，哼，我還不買了呢。」於是轉身就離開，銷售就這樣中斷了。

店員的口頭禪或含糊不清的表達會打斷顧客的思路，從而使顧客喪失了傾聽的興趣。只有清楚流利的表達，才能贏得顧客的信任。

5.有良好的應變能力

店員在進行商品說明時，還要針對不同的顧客，在介紹內容上有所側重。

例如，同樣是購買服裝，針對不同性別的顧客，就應有不同的說

明方法。

　　一位匆匆而來的年輕男士直奔一貨架問道:「這種顏色的衣服有大號的嗎?」顯然,他已經事先看過、諮詢過,只是有急事要走,店員要針對他的提問做出明確地回答:「有大號,請問是多高的人穿?」男士:「1米8吧。」店員從貨架上挑了一件拿給男士說:「這件可以,您看看。」待男士拿到手裏時,店員又問:「您是想要一件嗎?」男士:「是。」店員說:「那我就給您開票了,請您到那邊的6號收款台交款,我幫您把衣服包起來,好嗎?」

　　而對於一位在閒逛的女士,這種簡單的說明就不能達成交易。

　　一位年輕女士在走到同樣的衣服前時,注意到這件衣服,同樣問道:「這種顏色的衣服有大號的嗎?」女性是購物的內行,加上她並沒有明確的指向性,店員要想促使成交,就必須滿足「有大號」以外的多種需求,介紹商品時絕不能這麼簡單,店員回答:「有大號,請問是您自己穿嗎?」女士:「是的。」店員從貨架上挑了一件拿給女士說:「這是薄型羊絨衫,透氣、保暖、不會起皺,您摸摸,真正的羊毛,很適合現在的季節穿。」店員又馬上把羊絨衫展開比到顧客的身上說:「這種羊絨衫的顏色非常漂亮,很適合您的膚色,而且它的款式設計也很有時代感,來,您到這邊的鏡子前照一下。」

　　這樣的介紹滿足了顧客對服裝顏色、質地、款式多方面的要求,從而能贏得她的信任感。可見,店員在作商品介紹時,一定要瞭解不同顧客的購買心理,具備靈活的應變能力,這才能把握住銷售的良機。

第六節　要適時推薦商品

在銷售過程中，除了商品提示給顧客，而且對商品加以說明之外，就是要如何向顧客推薦商品了，以促成最終交易。推薦商品時要遵循下列原則：

1.推薦時要具有信心

在向顧客推薦商品時，店員本身要具有信心，才能讓顧客對商品有信賴感。

2.推薦適合顧客的

在對顧客提示商品及進行說明之際，應大膽推測顧客所需，以便推薦其所適合的商品。

3.配合手勢向顧客推薦

有時商品僅靠說明不易完全發揮其效果，因此在推薦之際，必要時配合手勢的運用，藉以加強商品特性的訴求效果。

4.推薦商品的特徵

每種商品均具有特徵，顧客往往不容易發現，諸如功能、設計、品質上的特徵，在向顧客推薦時，要多強調商品的特徵。

5.讓話題集中在商品上

在向顧客作商品推薦時，應儘量把話題集中在商品上，並同時注意觀察顧客對商品的反應，以瞭解顧客的慾求。

6.與其他商品比較時，能明確地說出其優點

在進行商品的說明與推薦之際，為了便於顧客的比較對比，此時若能明確地說出本商品與其他商品相較所具有的優點，則更能增加顧客的信賴感。

第七節　銷售商品的重點技巧

銷售重點是針對商品的設計、機能、品質、價格等因素，在顧客心理過程中的「比較」到「信念」產生階段，以最有效的表現方式，在極短的時間內能讓顧客具有購買的信念，所以是人力銷售促進上非常重要的一環，其重點有下列諸原則：

1. 由 5W1H 上著手

有關 5W1H 的原則相信是大家所熟知的，即瞭解消費者購物時：誰來使用（Who）、在何處使用（Where）、在何時使用（When）、為何要使用（Why）、要使用什麼（What）、如何使用（How），以便對顧客推銷其所需的商品。

2. 重點要簡明

對顧客說明商品或銷售的重點時，要能夠簡短易懂，才能具有較強的訴求力。

3. 具體的表現

銷售前點的說明，固然需要簡短，但一定要有具體性，應避免抽象的表現，最好能以事實說明，以加強促銷的效果。

4. 符合時代的趨勢

由於消費意識與形態的變遷，在商品銷售重點的表現時，要能符合時代的趨勢。例如，以往對於購買手錶時，銷售的重點著重於時間的正確性，但最近由於技術的進步，正確性已不是銷售的重點，而是要強調于錶的設計性、流行性等特性，以符合消費習性。

5. 依銷售對象不同而改變

即使是同樣的商品，由於購買對象的不同，在銷售重點上須隨之

255

變化。例如，同樣是玩具，若購買對象為父母親時，則應強調玩具對孩子的益處，若是兒童本身時，則強調玩具本身的功能性，以強化訴求效果。

第八節　不讓顧客在溝通中說「不」

在一個童裝專賣店裏，店員正在陪同一個年輕的媽媽給孩子選購服裝。

「您看這套毛裙怎麼樣？您女兒穿上一定會像洋娃娃一樣漂亮！」

「不行，不能買毛的，小孩子皮膚可能會過敏的！」顧客皺了皺眉。

「怎麼會呢？我們這是——」

「不要毛的，我看看別的！」顧客打斷了店員的話。

「那您看看這件純棉質的帽衫吧，最新款！售價 190！我們給您打 8 折。」

「這麼貴啊！沒看出來那裏好，不就是一個帽衫嗎？」

「物有所值嘛，做工要比其他的好！」

「不行，太貴了！算了，你忙你的去吧，我自己看看⋯⋯」

案例中的店員在推銷過程中屢次被顧客拒絕，「不」、「不行」、「不要」這樣的拒絕字眼重覆出現，最後顧客乾脆拒絕了店員的陪伴，獨自一人逛商店，可想而知，最後成交的幾率已經非常低了。

店員與顧客溝通時最忌諱的就是顧客的一個「不」字，一個「不」字說出來，就代表接下來的銷售很可能無法繼續。因此，店員一定要

在一開始就營造良好的溝通氣氛，讓顧客無法把不字說出口。例如案例中的店員就可以先與顧客聊聊她的女兒，相信顧客一定會十分願意開口的，當彼此關係融洽一些後，店員可以進一步瞭解顧客的購買目標，這樣推銷起來也有的放矢。先做朋友後做買賣，那麼顧客的「不」字就不會輕易出口。

成為一名優秀的店員的標準，按照超級推銷法的要求，應在 3～5 分鐘內使一個原本陌生的顧客與自己建立一見如故的感覺。只有交易雙方在十分融洽的環境中，雙方都不好輕易否定對方從而達到不讓對方說「不」。如果你不具有這樣超強的親和力，那麼就只能透過掌握一定的技巧來彌補。不讓顧客說「不」的方法和技巧有很多，下面簡單介紹幾個常見的方法和技巧，作為參考。

(1)一步步引導顧客點頭

引導法就是用引導的方式，讓顧客由此及彼地按照你所指引的方向，認同你的觀點。例如，我們在推銷某種防紫外線的化妝品時，直接談功能恐怕效果不好，我們可以先從紫外線對皮膚的傷害談起，進而引申到皮膚保護的重要性，引導顧客認識到此種化妝品與其他化妝品不一樣，可以防紫外線、保護皮膚，進而引導顧客購買和使用這種產品。顧客根本沒有說「不」的機會。

(2)店員不妨反客為主

店員不一定要總是被動地等著顧客贊同，適當的時候也可反客為主。所謂反客為主法就是把自己作為交易的主動方，把顧客當作為交易的被動方，自己掌握交易的主動權的一種方法。這種方法一般都用在與顧客產生了強烈的共鳴，交談進入非常愉快的狀態，相見恨晚，不分你我時。這時，推銷員可以反客為主，問題正點切入，產品或服務的實點明確，論據充分，論述詳實，讓顧客連連稱「是」，迅速達

成交易。

⑶恰當運用假設成交法

假設成交法是假設顧客購買了我們的產品或服務，將得到什麼樣的利益的一種不讓顧客說「不」的方法。這種方法的重點在於說明「利益點是顧客所需要的」。這是不讓顧客說「不」的一個原因，如果這種利益不能給顧客帶來價值或使用價值，當然顧客只能說「不」，所以假設或交談重點在於闡明成交帶來的利益正是顧客所需求的。找到顧客真正的需求這一切入點，是這種方法的基礎。

⑷重新框定法

重新框定法就是當你看到顧客對你的推銷產生了疑慮，或有覺得的可能，這時你要迅速地把握狀態的發展，重新框定你的話題、言語、狀態，使之進入顧客解除拒絕狀態的過程，堅決不能讓顧客說「不」。

為了解決店員讓顧客無法說「不」的問題，下面還要重點介紹一個「問題或話題的封閉式和開放式」問題。店員除了掌握一些不讓顧客說「不」的方法和技巧外，還要做一些準備工作。做交易前的準備工作相當重要，準備工作的流程可簡單分為：

①顧客最容易提出的問題有那幾個？

最容易被提出的問題排在第一位。

排在前三位的問題是什麼？

我們將運用什麼樣的方法和技巧回答？

②顧客最容易給出的拒絕的理由有那些？

排在前三位的拒絕理由各有那些？

我們將運用什麼樣的方法和技巧回答？

③有關達成交易的相關資料？

如果有，我們將如何運用？

④還有什麼工作需要準備？

當你把這些問題都弄清楚後，那麼在處理無法讓顧客說「不」的問題上就可以更加得心應手了。

店員銷售時應先推出容易被顧客接受的話題，這是與陌生人搭腔的好辦法，是說服別人的最基本的方法之一。如果店員一開始就說「你要不要買這個商品？」總是無法產生好的效果，對方的回答會令人很尷尬，不能馬上形成交易。所以應該先談一點商品銷售外的話題，大家共同感興趣的話題，談得投機了再進入正題，這樣對方就很容易接受了。

第九節　促使購買決心的技巧

在顧客購買心理的變化過程中，當其對商品產生購買信念時，進一步則促使顧客提早作購買的決心而付諸行動，因此結束接待的要點為：

1. 集中於三樣商品

在商品銷售過程中，前半段可能提供很多商品讓顧客選擇，但在後半段時，店員則應在接待中測知顧客較喜愛的商品三樣，以供顧客比較與選擇。

2. 探知顧客的喜好

當顧客在作決定性的選擇時，要特別注意顧客對商品的反應，例如一直拿在手上的商品、一直詢問的商品等，均為顧客可能購買的商品，店員針對此一觀察，洞悉顧客的喜好，進一步加以說明與推薦，則交易成功率將很高。

3.輕輕地加上一句「就這一樣好啦」

通過對顧客的說明與推薦，並觀察出顧客可能購買的商品時，若此時針對此項商品，輕輕地加上一句「就這一樣好啦」，很可能幫助顧客作購買的決定而完成交易。

第十節　不要讓顧客有藉口推延購買時間

顧客：「這台冰箱看起來不錯，外表設計挺吸引人。」

店員：「您的眼光真不錯，一下子就看上了這台冰箱。價格是稍微貴了一些，但是這款是最新推出的節能環保冰箱，很省電的。」

顧客：「可是不知道品質有沒有保證？要是品質沒保證很煩人的！」

店員：「您放心好了！我們的產品率先通過了國家品質認證。喏，您看！」

顧客：「還真是！」

店員：「那您相中了是吧？」

顧客：「恩，我再看一看吧！」

店員：「您看您都過來了，就順便帶上唄！」

顧客：「還是改天吧……」

很多店員在工作中都會遇到顧客的購買時間異議，所謂購買時間異議是指顧客自認為購買推銷產品的最好時機還未成熟而提出的異議。

「我們還要再好好研究一下，然後再把結果告訴你」

「我今天還有事，改天再過來買吧！」

　　這種情況確實很讓人頭痛，推銷過程已經接近尾聲，就差臨門一腳，顧客偏偏退縮了。如果像案例中的店員那樣乾巴巴地勸說，那麼就很難令顧客改變主意。

　　顧客提出購買時間異議時，店員一定不能慌亂，要找準顧客提出時間異議的真正原因，然後消除其顧慮，努力促成交易。

　　在推銷活動中，往往是在店員進行詳細的介紹之後，顧客經常會提出一些購買時間異議。實際上，顧客藉故推託的時間異議多於真實的時間異議，導致推脫的情況大致有以下幾種：

　　第一，顧客對推銷品已經認可，但由於目前經濟狀況不好，手頭現金不足，提出延期付款和改變支付方式的要求，例如採取分期付款。

　　第二，顧客對商品缺乏認識，還存在各種各樣的顧慮，害怕上當受騙，於是告訴推銷員：「我們考慮一下，過幾天再給你準信」，「我們不能馬上決定，研究以後再說吧。」

　　第三，顧客尚未做出購買決定，所提異議只是一種推諉的藉口。

　　再據此進一步分析顧客在不同階段提出購買時間異議的原因，方便店員應對：

　　推銷活動開始時提出：應視為是一種搪塞的表現，是顧客拒絕接近的一種手段。

　　在推銷活動進行中提出：大多表明顧客的其他異議已經很少或不存在了，只是在購買的時間上仍在猶豫，屬於有效異議。

　　在推銷活動即將結束時提出：說明顧客只有一點點顧慮，稍加鼓勵即可成交。

　　那麼針對顧客的購買時間異議，店員可以採取那些具體的策略來應對呢？

(1)良機激勵法

這種方法是利用對顧客有利的機會來激勵顧客，使其不再猶豫不決，拋棄「等一等」、「看一看」的觀望念頭，當機立斷，拍板成交。例如，「目前我們正在搞店慶活動，在此期間購買可以享受 15%的優惠價格」，「我們的存貨已經不多了，而如果您再猶豫的話，就可能被別人買去了」。但要注意的是，使用這種方法必須確有其事。不可虛張聲勢欺詐顧客，否則將適得其反，欲速則不達。

(2)貨幣時間價值法

一般來說，物價的變化會隨著時間的推移而上揚。推銷員可以結合產品的情況告訴顧客。未來產品的供求關係很有可能會發生變化，隨著物價水準的上升，顧客可能要花費更多的金錢來購買同等數量的商品，而且拖延購買不僅費錢，還要費時、費力，增大顧客的機會成本和時間成本，不符合現代社會「時間就是金錢，效率就是生命」的觀念。

(3)潛在風險法

這種方法與「良機刺激法」正好相反，是利用顧客意想不到、但又很可能會發生的一些潛在風險對顧客進行影響。例如，廠家調價、原材料漲價、宏觀政策調整、市場競爭格局改變等情況對顧客進行影響，使顧客認識到存在的這些不確定因素可能給自己帶來的損失，促使顧客儘早做出購買決定。

(4)競爭誘導法

推銷人員向顧客指出購買該產品將會使顧客在某些方面獲益，而且這些好處已經在他的競爭對手那裏得到了證實，顧客如不儘快購買推銷產品，將會在與同行的競爭中處於不利位置。這種方法可以打破顧客心中假定的競爭均衡格局，引起顧客對其所處環境的關注，從而

促使顧客為了改變其所處形勢而做出

　　顧客提出推遲購買時間，說明他不急於購買。你急他不急，反正他有足夠的時間，還可能提出其他優惠條件要求。所以推銷人員對顧客提出時間異議要有耐心，但是也必須抓緊時間及時處理。在市場瞬息萬變的情況下，顧客拖延購買時間過長，可能招致競爭者的介入，給推銷工作帶來更大的困難。

心得欄

第 *14* 章

店員必備的異議處理技能

　　面對顧客的異議，店員要弄清產生異議的具體原因，確定問題的性質，以誠懇、負責的態度表現出對顧客的理解，積極認真地找出盡可能多的解決途徑和方法，促成交易。

第一節　產生顧客異議的原因

1. 顧客服務怠慢的異議

　　這裏所說的「怠慢」，主要是指在顧客多、業務繁忙的情況下，顧客總希望自己能先買到商品，而賣場店員又不可能同時接待為數眾多的顧客，這樣就會使顧客產生被怠慢的感覺。

　　在這種情況下，賣場店員要盡可能做到「接一、顧二、招呼三」。即接待第一個顧客的同時，詢問第二個顧客需要買點什麼，順便招呼第三個顧客。

2. 顧客情緒的異議

　　過度催促的服務也會引起顧客的異議。賣場店員表現出疲勞或對

顧客不耐煩的情緒，甚至催促顧客成交，都會讓顧客感到不舒服。對於顧客的這種異議，賣場店員除了要向顧客解釋和道歉外，還應立即調整工作狀態，不能流露出緊張不安或不耐煩的神情，要牢記「顧客永遠是上帝」這句話。同時，要把更多的時間留給顧客，不但儘量讓顧客挑揀，而且還應不厭其煩地幫顧客挑揀。這樣，不僅不會增加顧客挑揀的次數，相反還加速了交易過程，最終讓顧客從容作出購買決定。交接班的賣場店員應耐心地為正接待的顧客做好售貨工作，同時應有禮貌地請其餘的顧客轉到鄰近櫃檯或接替自己工作的賣場店員那裏；在一天營業接近尾聲時，如果顧客仍有購買要求，賣場店員不應表現出不耐煩的情緒，應始終如一地接待。

3. 顧客所購商品的異議

如果顧客對已經購買的商品產生異議時，賣場店員應積極認真地解決，並做好善後工作。不能因為商品已經售出就推卸責任，這往往是最容易引發顧客異議的焦點問題。對於要求退換商品的顧客，應該一視同仁地接待。經檢查認定商品確有瑕疵，一定要詢問顧客的處理意願，是退貨還是暫時留置等待廠家的維修或更換，但必須填寫顧客服務卡作為憑證，約定取貨日期，並向顧客致謙；遇到不易鑑別或不能退還的商品，如果顧客要求代賣，賣場店員可根據實際情況，經櫃組和零售企業主管同意，采取相應的辦法，妥善處理。

4. 顧客對收款差錯的異議

這種異議往往發生在交易結束，甚至顧客離開櫃檯之後。原因有時是賣場店員算錯，或是顧客記錯和丟失。這時，賣場店員和顧客往往都會著急，容易發生爭吵。

因此，賣場店員在遇到這種情況時，首先要安撫好顧客，然後沉著冷靜地回憶交易過程，並查找有無造成錢、票發生差錯的因素。如

果確實是自己粗心大意算錯了，應立即補回錢票，主動向顧客表示謙意；如果是顧客記錯價格或計算錯誤，應耐心幫助顧客重新算賬，交代清楚；如果雙方都沒有計算錯誤，但顧客錢、票短缺了，賣場店員應細緻耐心地說明情況，幫助顧客回憶查找；如果顧客一時想不通，賣場店員也不必勉強顧客，可以請主管一起來研究，妥善處理。

第二節　處理顧客異議的流程

1.認真傾聽

讓顧客以自己的理解闡述所發生的問題。此時，賣場店員要注意傾聽顧客對問題的描述，瞭解顧客心目中對問題的看法。注意，不能只憑自己的主觀臆斷理解顧客。

2.正確確定問題的性質

讓顧客清楚賣場店員已知道問題的實質及對它的關注。最好在聽完顧客的意見後，把顧客提出的異議再簡單重覆一遍。一是讓顧客知道他的意見已經完全接受和瞭解；二是可以留一點時間思考如何更好地解決問題；三是可以使顧客在冷靜後清楚地瞭解是非之所在。但要注意的是，只需要重覆重點的內容，以免讓顧客感覺囉嗦。

3.先徵求顧客對問題的解決意見

如果認為顧客對問題的解決意見是合理的，並且在賣場店員職權範圍內可以辦到的，就應尊重顧客的選擇，按其要求的方式解決問題；如果認為顧客的辦法是不可行的，則應與顧客進行協商，找到一個合適的解決方案。

4.找出盡可能多的解決問題的途徑

賣場店員多考慮幾個解決問題的方案，並把選擇權交給顧客，讓顧客感受到賣場店員的誠意，有助於問題的解決。這就要靠賣場店員平時工作的積累和對突發事件快速反應的訓練。

5.要表達真誠的道歉和感謝

在整個異議事件處理結束時，必須向顧客表達謙意，同時感謝顧客為企業提出了管理中值得關注的問題；感謝顧客在解決問題的過程中所表現的忍耐力；感謝顧客可能的再次光臨。

第三節　處理顧客異議的態度

1.分析造成異議原因

造成顧客異議的原因可歸納為商品原因、心理原因、角色差距的原因三個方面。

(1)商品原因

例如，某些商品供不應求、商品內在品質較差、商品規格與實際尺寸不相符、商品定價不合理、商品沒有保修期以及商品不適合顧客等；

(2)心理原因

例如，由於顧客的個人利益受到損害或某些需要得不到滿足，而產生的不愉快的情緒；由於賣場店員受到社會上輕視、歧視等舊觀念的影響而表現出的自卑感；由於買賣雙方性格上的差異而造成的溝通不暢，以及雙方在交流過程中的其他不良情緒的應等；

⑶角色差距的原因

在服務中，由於賣場店員和顧客扮演的角色不同，彼此在接觸的時候，在人與人的關係中又滲入了「買者」與「賣者」的關係。這種角色的對立，會使人變得敏感而不易相容。

2.端正處理態度

⑴正確對待顧客的異議

具體可以理解為以下幾個方面：

①顧客永遠是對的：賣場店員必須要學會換位思考，去體諒顧客的不滿與苦衷，瞭解他們期望滿足的方面。

②顧客的不滿意是零售業服務工作中的一次挑戰或一次機遇：當顧客對商家的服務產生異議時，如果能當面向企業誠懇地提出意見，而不是隨意地向別人抱怨，這實際上就是給零售企業一次改正錯誤的機會。

③顧客的異議可能是對提高賣場店員工作的建議：可以讓賣場店員瞭解自己工作中可能有那些不足，從而改進和加強，提高服務水準。

⑵正確的處理態度

賣場店員在處理顧客異議時應把握以下工作態度：

①積極的態度就是要求賣場店員對於顧客的異議或誤解不懼怕，具有主動地面對問題的心態，時刻準備聽取顧客的抱怨，並盡可能快速地為顧客解決問題。

②認真的態度是指賣場店員在處理顧客異議時，一定要表明認真的態度，以示對顧客的尊重和對問題的重視。賣場店員要把每個顧客作為單獨的個體來看，克服經常面對異議而可能導致的隨意、大意、輕視的處事心態，給予顧客認真的關注。這樣，顧客才會覺得安慰，回以慎重的態度，從而有利於問題的解決。

③妥協的態度並非是軟弱的表現。妥協的實質是一種自我利益的犧牲和退讓。所以，這就要求妥協的一方（主要指賣場店員）具有較高的道德修養和心理素質，要能夠站在顧客的角度多考慮顧客的利益，適當地放棄個人的某些要求。由於單方面妥協可以較大程度地降低對方心理的挫折感，有利於緊張狀態的緩和，不至於將異議激化為更大的矛盾，所以賣場店員應學會運用妥協的藝術。

④體諒的態度在零售服務中，由於顧客處於心理優勢的地位，很容易對賣場店員產生誤解，買賣雙方誤解的解除更需要解釋、說明、甚至辯解，但這往往會破壞服務的氣氛。所以，在商業交往中，賣場店員作為零售企業的主人如果能單方面的體諒顧客，認為誰都有出錯的可能，就可以使誤解無從產生，化有為無。

⑤自我控制的態度，這是在異議升級為衝突時賣場店員必須要採取的態度。當交往雙方心理處於激烈的對立和互不相容的狀態時，發洩各自內心的憤怒情緒是雙方的共同目的，這會讓對立雙方變得不理智，甚至做出過激行為。在這種情況下，賣場店員必須具有控制感情的本領，有較強的忍耐力。

3. 瞭解處理原則

(1)傾聽原則：耐心地、平靜地、不打斷顧客陳述，聆聽顧客的不滿和要求。

(2)滿意原則：處理顧客投訴的最終目的不僅是解決問題或維護好零售企業的利益，其結果還關係到顧客在經歷這一問題的解決後是否願意再度光臨零售企業。因此，這一原則和概念應該貫穿整個顧客投訴處理的全部過程。

(3)迅速原則：迅速地解決問題。如果超出自己處理的範圍，則需要請示上級主管，而且要迅速地將解決的方案通知顧客，不能讓顧客

等待的時間太久。

(4)公平原則：在處理棘手的顧客投訴時，應公平謹慎處理，有理有據說服顧客，並盡可能參照以往或同類零售企業處理此類問題的做法進行處理。

(5)感謝原則：在處理結束後，一定要當面或電話感謝顧客提出的問題和給予的諒解。

第四節　不讓價格異議擋了成交的路

「小姐，您看這個胸針真的是很漂亮，上面鑲嵌的都是最好的水晶！」飾品店店員正在給顧客介紹一枚胸針。

「好看是好看，但價錢也太貴了！」顧客確實很喜歡胸針，拿著翻來覆去地看著。

「怎麼會呢？340 元對您這樣的白領來說只是小 Casc 吧！」

「這跟我賺多少沒關係，我就覺得這個胸針太貴了！砍掉一半價錢還差不多。」

「……」店員的熱情一下子沒了，「要不您再看看別的吧！」

顧客也察覺到了店員態度的轉變，想了一下不高興地放下胸針離開了店面。

顧客對價格有異議是很正常的，店員必須正確對待這一點：既不能因為顧客對價格有異議就不高興，也不能因此放棄了顧客。案例中的顧客有財力購買胸針（白領），而且顧客對胸針又很喜愛，這個時候店員不能因為顧客說了什麼就輕易放棄，而是應該努力消除顧客的異議，達成交易。

　　其實顧客之所以提出價格異議，原因也不外乎以下幾個方面：顧客只想買到便宜產品；顧客想利用這種策略達到其他目的；顧客想比其他顧客以更低的價格購買推銷品；顧客想在討價還價中擊敗店員，以此顯示他的談判能力；顧客想向眾人露一手，證明他有才能；顧客不瞭解商品的價值；顧客想瞭解商品的真正價格；顧客想從其他門店那裏買到更便宜的產品；顧客還有更重要的異議，這些異議與價格沒有什麼聯繫，他只是把價格作為一種掩飾。但是不管是以上那種原因，只要店員堅持付出努力，那麼就能夠排除這個障礙。

　　價格問題是影響交易達成的重要因素，它直接關係到買賣雙方的經濟利益，所以店員應當首先分析和確認顧客提出價格異議的動機是什麼，然後有針對性地採取以下策略。

　　(1)強調相對價格

　　如果商品本身價格較高，那麼就要注意分散顧客的注意力，強調一下相對價格。價格代表產品的貨幣價值，是商品價值的外在表現。除非和商品價值相比較，否則價格本身沒有意義。

　　在銷售過程中，店員不能單純地與顧客討論價格的高低，而必須把價格與商品的價值聯繫在一起。從推銷學的意義上說，商品的價值就是商品的特性、優點和帶給顧客的利益。事實上「便宜」和「昂貴」的含義並不確切，而是帶有濃厚的主觀色彩，在很大程度上，它是人們的一種心理感覺。所以，店員不要與顧客單純討論價格問題，而應透過介紹商品的特點、優點和帶給顧客的利益，使顧客最終認識到，你的商品實用價值是高的，相對價格是低的。

　　(2)先談商品的價值

　　在談價格問題時，不要毫無修飾地就把價格告知顧客，有時候這樣做會嚇跑顧客。如果顧客購買了商品，就意味著他同時也要付出一

定量的貨幣，因此顧客在交易過程中，始終在衡量這種交換是否對自己有利。因此，店員可以從產品的使用壽命、使用成本、性能、維修和收益等方面進行對比分析，說明產品在價格與性能、價格與價值、推銷品價格與競爭品價格等方面中某一方面或幾方面的優勢，讓顧客充分認識到推銷品的價值，認識到購買能帶給他的利益和方便。

另外還有一點：在洽談中，提出價格問題的最好時機是在充分說明了推銷品的好處，顧客已對此產生了濃厚的興趣和購買慾望之後。一般情況下，店員不要主動提及價格，也不要單純地與顧客討論價格問題，在報價後不附加評議或徵詢顧客對價格的意見，以免顧客把注意力過多地集中在價格上，使洽談陷入僵局。

(3)把價格最小化

價格多少是固定的，可是玩一點心理策略就能讓它看起來少一點。在向顧客介紹產品價格時，可先發制人地首先說明報價是出廠價或最優惠的價格，暗示顧客這已經是價格底限，不可能再討價還價，以抑制顧客的殺價念頭。店員還可使用盡可能小的計量單位報價，以減少高額價格對顧客的心理衝擊。例如，在可能的情況下，改噸為千克，改千克為克，改千米為米，改米為釐米，改大的包裝單位為小的包裝單位。這樣在價格相同的情況下，顧客會感覺小計量單位產品的價格較低。例如，一瓶 100 粒裝的魚油膠囊售價 1200 元，店員可以告訴顧客每粒魚油膠囊只要 12 元，雖然兩者的售價一樣，可後者的售價給顧客的心理感覺是低於前者的售價。

(4)橫向比較法

店員面對顧客提出的價格異議，不要急於答覆，而是以自己產品的優勢與同行的產品相比較，突出自己產品在設計、性能、聲譽、服務等方面的優勢。也就是用轉移法化解顧客的價格異議。常言道：「不

怕不識貨，就怕貨比貨」，由於價格在「明處」，顧客一目了然，而「優勢」在「暗處」，不易被顧客發現，而不同生產廠家在同類產品價格上的差異往往與某種「優勢」有關，因此，推銷員要把顧客的視線轉移到「優勢」上。

(5)「使用代價」策略

價格和代價是不同的。價格只是顧客購買時為商品支付的成本，而代價則是顧客在整個商品使用過程中支付的成本，包括購買價格、能源耗費、零配件更換費用、維修費用等。

顧客在購買時，往往容易忽視價格與代價的差別，或者說往往只見價格而不見代價。因為，顧客的思維習慣於短期化、直觀化，即只關注眼前現實而確定的貨幣支出，而很少去考慮未來使用過程中難以估計的成本耗費。因此，店員在進行產品價格介紹時，要提醒顧客不要陷入「廉價陷阱」，即被低品質產品的低價所迷惑，而將來不得不支付高昂的使用代價。

(6)適當作一點讓步

商店出售的貨品大多是可以議價的，而在洽談中，雙方的討價還價是免不了的。在遇到價格障礙時，店員首先要注意：不可動搖對自己的產品的信心，堅持報價，不輕易讓步。只有充滿自信，才可能說明顧客，如果只想以降價化解價格異議，很容易被對方牽著鼻子走，不僅影響銷售的完成，而且有損產品的形象。

當然，如果利潤空間較大，那麼也可以適當作一些讓步。但是讓步也是要有原則：不要做無意義的讓步，應體現出「雙贏」的原則；做出的讓步要恰到好處，使較小的讓步能給對方較大的心理滿足。

顧客對於產品價格的反應很大程度上來源於自己的購物經驗。顧客多次購買了某種價格高的商品回去使用後發現很好，就會不斷強化

「價高質高」的判斷和認識；反之，當顧客多次購買價格低的商品發現不如意後，同樣也會增加「便宜沒好貨」的感知。因此，店員應該旁敲側擊多瞭解顧客的購物經驗，以此判斷顧客能接受的價位。

心得欄 --------------------------------

第 *15* 章
店員必備的商品成交技能

　　要促成顧客購買某種商品，首先要讓顧客瞭解這種商品。只有將商品的價格、品質、優點完全展示給顧客，把握好顧客的消費心理，適時捕捉到顧客釋放出來的成交信號，靈活運用成交方法，促成交易，並激發再度銷售。

第一節　顧客釋放的成交信號

一、不要錯過顧客釋放的成交信號

　　藥店裏一名顧客正在保健品專櫃前選購藥品，一名店員站在旁邊。「先生，我們這種純天然螺旋藻精片是目前市面上最實惠的保健品了，現在有促銷，您買兩瓶我們還贈送一小瓶試用裝。」

　　「……」

　　「您可以看一下生產廠家，藥品是大廠家出產的，保證品質……」

「有詳細說明書嗎？給我找一份！我想看一下服用方法。」顧客開口了。

顧客接過說明書仔細看著，一旁的店員還在反覆介紹藥品的種種優點：抗衰老、提高抵抗力……

當顧客對產品感到滿意，並產生購買慾望時，往往會不自覺地釋放出一些信號，而作為店員，我們一定要隨時注意顧客的這些信號，免得錯過銷售時機。案例中店員在這一點上做得就不好，顧客索要說明書，並言明是要看一下「服用方法」，這說明顧客已經打算購買，店員應該抓緊時間敲定這筆買賣，而不是仍舊喋喋不休地介紹藥品的優點。

一些顧客可能會明確地向你表示，他會購買產品，例如說「我就買這個」，這就說明你的說服工作已獲得成功，這一階段也宣告結束了。但是，是不是每個顧客都會主動地提出他要購買呢？當然不是。很多顧客雖然已經決定購買，但是他們並不會表達出來，所以「我要購買」、「我買了」這些話不能作為說服階段結束的唯一標誌。其實一些其他的信號，同樣可以判斷顧客已經下定決心購買了。在把握顧客發出的成交信號時，你要堅持「寧可信其有，不可信其無」的基本原則，即在無法確信顧客的某些表現是否表明有意成交時，你也要抓住這樣的信號不斷深究，而不要輕易地將其忽略過去。

二、如何看出顧客釋放的成交信號

一般來說，有經驗的店員可以從顧客的某些行為和舉動方面的變化有效地識別成交信號，而這種能力的獲得需要店員多觀察、多努力、多詢問。比較明確的信號有那些呢？

(1)表情信號

表情信號是指從顧客的面部表情和體態中所表現出來的一種成交信號，如在洽談中面帶微笑、下意識地點頭表示同意你的意見、對產品的不足表現出包容和理解的神情、對店員推銷的商品表示興趣和關注等。

①目光在產品逗留的時間增長，眼睛發光，神采奕奕。俗話說，眼睛是心靈的窗戶。觀察顧客眼睛、目光的微妙變化可以洞察先機。

②顧客由咬牙變成表情明朗、放鬆、活潑、友好。

③表情由冷漠、懷疑、拒絕變為熱情、親切、輕鬆自然。

④顧客神態輕鬆，態度友好。

(2)語言信號

語言信號是指顧客透過詢問價格、使用方法、保養方法、使用注意事項、售後服務、交貨期、交貨手續、支付方式、新舊產品比較、競爭對手的產品及交貨條件、市場評價、說出「喜歡」和「的確能解決我這個困擾」等表露出來的成交信號。以下幾種情況都屬於成交的語言信號：

①顧客對產品或服務給予一定的肯定或稱讚。

②徵求別人的意見或者看法。

③詢問交易方式、交貨時間和付款條件。

④詳細瞭解產品或服務的具體情況，包括產品或服務的特點、使用方法、價格等。

⑤提出意見，挑剔產品。俗話說「挑剔是買家」。當顧客提出異議或對產品評頭論足，甚至表現出諸多不滿時，有可能是產生購買的慾望，在盡可能地為自己爭取利益。

⑥褒獎其他品牌。其實和上面的道理一樣，顧客是在為自己爭取

好的談判地位，以便在下一步的購買中得到更多的「便宜」。

⑦問有無促銷或促銷的截止期限。顧客總是想買到價廉物美的產品，能少掏點就少掏點，畢竟掏腰包對顧客是最痛苦的過程，能有優惠打折贈品的促銷活動消費者是絕對不會放過的。

⑧問團購是否可以優惠。這也是顧客在變相地探明廠家的價格底線。

⑨聲稱認識公司的某某人，或者是某某熟人介紹的。

⑩瞭解售後服務事項。

語言信號種類很多，店員必須具體情況具體分析，準確捕捉語言信號，順利促成交易。

(3)行為信號

由於人們的行為習慣經常會有意無意地從動作行為上透漏出一些對成交比較有價值的信息，當有以下信號發生的時候，店員要立即抓住良機，勇敢、果斷地去試探、引導顧客簽單：

①反覆閱讀文件和說明書。

②認真觀看有關的視聽資料，並點頭稱是。

③查看、詢問合同條款。

④要求店員展示樣品，並親手觸摸、試用產品。

店員要隨時做好準備接受顧客發出的成交信號，千萬不要在顧客已經做好成交準備的時候你卻對顧客發出的信號無動於衷。要準確識別顧客發出的成交信號，無論是識別錯誤還是忽視這些信號，對我們來說都是一種損失，對顧客來說也是一種時間和精力上的浪費。

第二節　商品的推銷技巧

所有店鋪的商業經營模式，都是向顧客提供特定的商品，吸引顧客上門，在與顧客達成交易後獲得收入，並賺取利潤。而面對越來越挑剔的顧客，交易的達成也越來越困難，它在很大程度上要取決於店員的推銷技能。因此，作為店鋪的工作人員，必須要掌握最專業的商品的推銷技巧。

一、商品的介紹

商品介紹是店員為了讓顧客進一步瞭解商品，激發其購買慾望而採取的一種行為或手段，是店員和顧客或潛在顧客之間的語言交流。

任何一位顧客在購買產品時，首先考慮的都會是產品對自己有何用處，效果怎麼樣。因此介紹產品最重要的一點就是要根據消費者的需求來介紹。對注重商品外觀的顧客，店員應針對商品漂亮的造型和款式來做說明；對注重商品品質的顧客，店員應以質地優良為重點說明；對注重商品價格的顧客，則可以向他強調價格的合理性。店員向顧客介紹產品時，具體有以下幾種方法。

1.直接講解法

這種方法節省時間，很符合現代人的生活節奏，很有優越性。在介紹時要注意根據顧客的消費需求有重點地進行介紹，同時，介紹的內容應易於顧客瞭解。店員直接明瞭地向顧客介紹產品，會讓顧客覺得店員的工作很有效率，還懂得替顧客著想，節省顧客的時間和精力，於是很容易對店員產生信賴感。如：

⑴這種款式今年正流行，送朋友或留給自己都是一個明智的選擇。

⑵小姐，××(顧客所凝視的商品)是新商品或現在很流行，挺適合您的。

⑶先生，這商品的性能、質地、規格、特點是……

⑷這種商品有×個品種，您自己比較一下。我看這種很好。

⑸這種衣服色彩淡雅，跟您的膚色很相配，您穿很合適。

⑹您穿上這套服裝更顯得成熟、幹練。

⑺這種商品正在促銷，價格很實惠。

⑻這種貨雖然價格偏高一些，但美觀實用，很有地方特色，您買一個回去，一定會受歡迎。

⑼您要的商品暫時無貨。但這種商品款式、價格和功能與您要的商品差不多，要不要試一下？

⑽這種商品在品質上絕對沒問題，我們實行三包。如果品質上出了問題，可以來換。您先買回去和家人商量商量，不合適時再退換。

2.舉例說明法

這種方法是舉些其他顧客使用產品的實例。說明它體現了那些效用、優點及特點。不直接向顧客講解，可以使顧客感到輕鬆和容易接受，所以舉例說明法得到了廣泛的應用。雖然是間接介紹產品的效用、優點及特點，但店員應該記住在介紹時始終不能脫離銷售這個主題。此外，要舉例也不能亂說一通，要真實、實事求是。

3.借助名人法

利用一些有名望的人來說明產品事實上就是利用一種「光環效應」。當顧客覺得某個人有威望時，就會相信他所做的決定、所買的產品。店員運用這種方法時，一定要真人實事，如果不尊重事實，自

己胡亂編造，那不僅起不到宣傳作用，還可能會讓顧客覺得店員是在欺騙他，喪失對商品的信心。

4. 資料證明法

一般產品的銷售往往用這種方法，因為證明資料最容易令顧客信服，例如產品曾獲得某項榮譽證書、品質認證證書、統計數據資料、專家評論、廣告宣傳情況、報刊報導情況等。如果能在介紹時不知不覺地使顧客瞭解證明資料，效果會更好。

5. 展示解說法

將產品都展示在顧客面前，邊展示邊解說。生動的描寫與說明加上產品本身的魅力。更容易使顧客產生消費慾望。店員在展示產品時要特別注意展示的步驟與藝術效果，注意展示的氣氛。

店員在進行商品說明時，針對不同的顧客，在介紹內容上應有所側重。一定要瞭解不同顧客的消費心理，具備良好的應變能力，才能把握住銷售的良機。顧客的心理如果發生變化，會在語言、表情、動作上有所流露，店員也要適當調整商品說明的方式方法。

二、做好商品的展示

要促成顧客購買某種商品，首先要讓顧客瞭解這種商品。只有將商品的價格、品質、優點、檔次完完全全地展示給顧客後，才能誘發顧客的最終購買。商品展示有如下技巧：

1. 恰當的展示時機

產品展示必須選擇恰當的時機，以引起顧客的注意。店員一旦尋找到了一個恰當的時機，那麼他展示的產品就可能吸引更多的顧客。

2.按需展示

店員在展示商品時，要根據顧客的打扮、愛好、身材、體形、職業、需要等準確地展示適合顧客需要的商品。而且展示商品時，應做到快速、準確、動作文雅、禮貌，避免磕碰，弄出響聲。

3.展示商品的優點

店員在展示時，要讓顧客體會到商品的貨真價實，就要把商品的優點展示出來。但不要詆毀其他品牌的同類商品，否則，顧客會對店員的話大打折扣。

4.找一個好的展示角度

人們總是從一定的角度去觀察事物的。角度的不同會使人獲得不同的感覺和感受，從而形成不同的印象和看法。所以，店員展示產品的角度應該有助於顧客瞭解產品，並且能很好地展現商品的優勢，從而使顧客形成良好的第一印象。

如果店員在展示產品時的角度選擇不合理。讓顧客看不清楚，體會不到產品的好處，不但不會起到預期的效果，還會讓顧客覺得無趣，並且浪費了自己的時間，從而引起顧客的不滿。

5.讓顧客親身體驗

店員在展示時，還應鼓勵顧客自己親自感受。例如，讓顧客摸一摸面料、體驗一下等服務。如果在展示中顧客提出疑問，這說明他開始注意並已經跟上了店員的思路，這時店員要針對問題重點展示或重覆展示，不能在展示中留下疑問不去解決。如果顧客對店員的展示表現漠然，店員就不要急於往下展示。

6.表現出對產品欣賞的態度

店員在向顧客展示商品時，必須表現出十分欣賞自己的產品的態度，這樣，店員的展示活動才能收到理想的效果。如果店員並不欣賞

自己的商品，那麼在展示產品時必然會有所顯露，無形中減弱商品的
吸引力，削弱顧客的消費慾望。

7.不要過於表演

具有一定趣味性和表演性的展示最能引起顧客的注意，也能給顧
客留下深刻的印象，但是表演的成分也不能太多。否則容易給人造成
華而不實的感覺。事實上，嫻熟的動作以及簡練的語言、優雅的舉止，
才是最好的展示。

三、向不同類型顧客推銷

在商品推銷的過程中，店員不能千篇一律，針對不同類型的顧客
要運用不同的推銷方式。向顧客推銷商品時，正確的推銷是促成銷售
的關鍵，根據顧客的類型來劃分。大致有以下幾種：

(一)不同年齡層顧客的推銷

1.青年顧客

⑴在進行介紹說明時，要重點介紹該商品正走俏，符合時代潮
流，以激發他們的購買慾。例如：「這種款式今年正流行，送朋友或
留給自己都是一個明智的選擇。」或者「小姐，這種美容服務套餐現
在很流行，挺適合您的」。

⑵在與他們交談時，可談一些生活情況、情感問題，特別是未來
的掙錢問題，這些都是年輕人比較感興趣的話題，可以拉近與他們的
距離，與他們打成一片。

⑶在經濟能力上儘量為他們著想，為他們想辦法解決，个增加顧
客心理上的負擔。

2.中年顧客

⑴不要誇誇其談，也不要運用什麼計謀、施壓、緊逼方法，而要認真地親切地與之交談。例如：「這是國內名牌，做工精細，質地考究，銷量一向很好，也很適合您。」再如，「先生，這種保健服務的功效、特點是……」

⑵對他們的家庭或者事業說一些羨慕的話，只要說得實在，這些顧客會樂於傾聽。

⑶成年顧客都愛面子，店員可抓住他們這一點，引導他們說出做決定，然後讓他所說的話難以收回去，從而達成交易。

3.老年顧客

⑴老年顧客的話比較多而且有犯糊塗、偏激的時候，所以對老年人要有耐心，對他們要親切、熱情、少說、多聽。

⑵介紹說明應該儘量精練、清晰、確實。

⑶老年顧客有慈愛特性，特別喜歡老實、不多說話、對他們聽話的年輕人。所以有時可對他們表現出一副老實的樣子，以獲得好感，達成交易。

(二)向不同性格顧客的推銷

顧客的性格類型有很多，店員要重點掌握以下常見的幾種，並掌握應對的方法和技巧：

1.忠厚老實型

⑴具體表現

忠厚老實型顧客有時十分靦腆，很少說話；消費時也猶豫不決，沒有主見。這類顧客還有一個特點是多疑，店員的推銷很難取得他們的信任，但是只要一次購買對他有利或者覺得店員的推銷沒有欺騙他。他就會一直信任店員，信任這種產品了。

⑵推銷技巧

對這類顧客說話要親切，儘量消除他們的害羞感，銷售活動就能順利開展。另外，店員可以通過提問方式，積極引導這類顧客，只要能讓這類顧客說話，這次銷售活動就十拿九穩會成功。

2.反應遲鈍型

⑴具體表現：反應遲鈍的顧客節奏緩慢，優柔寡斷，很簡單的一件事，他們會用很長時間做出決斷。

⑵推銷技巧：如果店員遇到了一位反應遲鈍的顧客，最重要的是一開始就把對方意圖弄清楚。只要發現他有可能想購買店員的商品，店員就可以放慢說話的速度，儘量傾聽顧客的回答，再進行進一步的說服。

3.嚴肅精明型

⑴具體表現

一般都有一定的知識水準，文化素質比較高，無論幹什麼事都要冷靜地思考，沉著地觀察，而且討厭虛偽做作。他們對店員的商品服務推銷常持懷疑的態度，而但對自己的判斷都比較自信。

⑵推銷技巧

必須從熟悉產品特點著手，謹慎地應用層層推進的辦法，多方分析‧比較、舉證、提示，使顧客全面瞭解商品利益所在，以期獲得對方理性的支持。另外，店員最好拿出有力的事實依據，耐心地說服講解。

4.暢所欲言型

⑴具體表現

這種顧客說起話來「喋喋不休」，談話的內容無非就是對商品本身或店員推銷行為的懷疑或自我吹噓，自己如何如何會選擇、會消

費，等等。

(2)推銷技巧

這樣的人最愛聽恭維、稱讚的話。跟這種人打交道的技巧就是一不怕「苦」，二不怕「累」。要配合顧客的愉快心情而又儘早地轉入正題的方法之一就是用有趣的故事吸引對方，抓住主動權，要引導顧客往自己的方向走，千萬不要把主動權讓顧客奪過去。

5.經濟型

(1)具體表現

非常看重商品的價格。

(2)推銷技巧

店員應該強調商品的價值，說明商品的價值後再與其討論價格。另外，還可以通過將本產品服務與競爭對手的產品對比或與替代性產品的對比來說明價格的合理性。此外，還可以利用價格促銷活動來吸引顧客的注意，例如「這種商品服務正在促銷，價格很實惠」。

6.情感型

(1)具體表現

決定下得快，不給店員說話的機會。對事物變化的反應敏感、顧慮太多、情緒不穩定容易偏激。

(2)推銷技巧

店員應當採取果斷措施，必要時提供有力的說服證據強調給對方帶來的利益與方便，言行謹慎週密，不給對方留下衝動的機會和變化的理由。

7.挑剔刻薄型

(1)具體表現

這類顧客「一觸即發」，甚至「不觸也發」，不管是對商品，還是

對店員的服務，總能挑出一大堆的毛病來。

(2)推銷技巧

店員應付這種類型顧客的技巧就是彬彬有禮地一言不發，讓他發洩。他也許會感到不好意思，買上一兩件商品作為掩飾。

如果這還不行的話，店員就得考慮變換場所和狀況了。當對方無休無止時，店員可以適當地給些警告，無形中的威嚴，會使他氣焰銳減，甚至會覺得店員比他更有能力，更有魄力，進而變得彬彬有禮不再挑剔刻薄了。

8.猶豫不決型

(1)具體表現

這類顧客對自己的購買決策缺乏信心，希望徵求同伴或店員的意見，面對著特定的商品，一直猶豫不決，難以下決定。

(2)推銷技巧

針對這類顧客，店員要為顧客提供多種選擇，並可以適當地提些意見幫助其作出購買決策。另外，店員應該削弱商品中存在的一些缺點，消除顧客的疑慮。

9.「吝嗇」型

(1)具體表現

這類顧客花錢十分仔細，熱衷於購買優惠打折類的商品，就算花費時間、人力和物力也在所不惜。

(2)推銷技巧

店員應付這類顧客的技巧就是自己也要表現出很節儉的樣子。使他們認為店員與他們有一樣的想法，以很快地製造彼此親近的感覺。因為吝嗇的人對所有胡亂花錢、用錢的人都不予信任。

有了彼此之間的親近感這個基礎，店員就可以接著用數字對比

法。吝嗇的人對數字很感興趣。如果店員告訴他此商品的效用一個抵別的兩個，甚至更多的話，他肯定會心有所動。

10.懷疑報復型

(1)具體表現

這類顧客對店員的銷售行為懷有戒心。或是以前曾經受騙過，寧可相信自己也不再相信店員了。

(2)推銷技巧

對這類顧客不可過於勉強，以減輕顧客的壓迫感和心理負擔。另外，要設法把顧客的注意力引導到他所滿意的商品屬性方面，從而分散他對商品缺點的注意力，削弱其不滿意的程度，轉變其購買態度。店員在接待懷疑報復型顧客時要把握好以下幾點：

①對顧客拒絕購買的真正原因不得當面揭露，更不能挖苦諷刺。

②不必爭執也不應盲目附和。

③不要讓顧客感到店員在有意說他，以免產生戒備心理。

④要給顧客一個「轉變」的時間，不要強人所難，以便下次購買。

第三節　促成商品交易的技巧

當顧客表現出成交信號後，店員應該立即抓住機會，迅速地促成顧客的購買決定。店員在銷售與服務的過程中，應靈活運用各種締結成交的方法，以解決成交過程中遇到的一些實際問題。下面是促成成交的幾種最有效的方法：

1.直接成交法

這一方法是指由店員在介紹了產品的優越性以後，立即邀請成

交。直接促成成交的方式簡單明瞭。對於主觀型顧客特別有效，但對於分析型和客觀型的顧客效果不大。

直接促成成交的一大缺點是，一旦顧客表示不買，就很難再有第二次機會了。與那些較緩和的促成成交的方式不同，直接促成成交的方式可能會終止銷售。

2.綜合利益成交法

這一方法是指店員將顧客已表示有興趣的一些買方利益綜合起來，再次提醒顧客注意，以促使其做出購買決定。例如，「這種衣服色彩淡雅，跟您的膚色很相配，您穿很合適。」或者「您接受過這種保健套餐後，會顯得更加年輕、精神。」如果一系列的問題都已接近解決，且許多重要的內容都已涉及，綜合利益成交法的優點就顯得尤為明顯了。

運用綜合利益型促成成交這一方法，店員並不明確要求顧客作出回答，但顧客默不作聲地聽著對有關利益的綜合，就已經表示了無言的認同。店員應以顧客最認同的利益作為開始，以顧客曾提出異議的利益作為結束。

綜合利益型促成成交這一方法對於自信型和疑慮型顧客尤為適用。這兩類顧客都傾向於在瞭解基本情況的基礎上自己做決定，討厭店員轉彎抹角地進行誘導。

3.對比成交法

運用對比的方式促使顧客做出購買決定時，店員可以通過對同種商品或同一類商品的優缺點進行比較，進而達到說服顧客的目的。例如：「這種商品有××個品種，您自己比較一下，我看這種很好。」

對比成交適用於細心型和客觀型顧客，因為這符合他們強調理性的特色。對於遲疑的顧客，這種方法也特別有效，因為這類顧客有拖

延決策的傾向,店員通過對比的說服,可以給這類顧客足夠的時間,自己做出決定。

4.小點成交法

小點成交法是一種先在一些次要的、小一點的問題上與顧客達成購買協定或取得一致性看法,再逐步促成交易的成交方法。使用小點成交法,可減輕顧客心理壓力,增強店員的信心。

使用小點成交法時,店員應事先做好準備,明確成交步驟,從小到大選擇成交的小點問題。但是對顧客提出的重要問題以及有關異議,店員不要迴避,應儘量解決,更應明確表態,以免引起顧客誤會。即使是顧客對小點問題提出異議,也應給予重視,防止小點異議轉化成大點異議。

5.從眾成交法

從眾成交法是指店員利用顧客的從眾心理。通過部份顧客的購買行為吸引其他顧客購買的方法。

運用從眾成交法時應準確地選好中心顧客,這樣才能說服其他顧客跟隨購買。另外,最好用例證說明確實有人購買,而不能只是口頭說:「很多人都買了我們的商品。」例證可以是具體的單位與個人,也可以是一遝訂單等。

6.假定成交法

假定成交法是店員在假定顧客已經同意購買的基礎上,通過討論一些具體問題而促成交易的辦法。假定成交法的優點是避免了與顧客討論購買決策問題,從而減輕了因決策而給顧客帶來的心理壓力,節省了銷售時間,把顧客的成交暗示轉變為直接成交行為。

使用假定成交法時應注意看準顧客類型,準確判斷顧客的成交信號,使用委婉溫和與商量的口吻說出肯定的語言,並儘量保持原來的

銷售氣氛。

7.選擇成交法

選擇成交法的特點，就是不直接向顧客問易遭拒絕的問題「要不要」，而是讓顧客在買多與買少，買這與買那之間選擇，不論顧客如何選擇，結果都是成交。

8.機會成交法

這一方法是指店員提請顧客立即採取購買行動，以抓住即將消失的利益或機會。例如：「這種產品優惠 20%，到週末為止，欲購從速。」、「開張大喜，優惠供應 3 天。」

這一方法對於猶豫型顧客是非常有效的。

9.最後機會成交法

最後機會成交法是店員直接向顧客提示最後成交機會促使顧客立即實施購買的一種成交方法。最後機會成交法是把顧客的注意力集中到成交上，形成有利的成交氣氛，明確成交的時間，使顧客產生心理緊迫感。

店員應慎用最後機會成交法，適當地向顧客發出最後機會提示或提出成交的內容與條件限制。只有針對顧客重視的機會進行提示，使顧客感到適當的心理壓力與成交緊迫感，才能達到促成交易的目的。

10.留有餘地成交法

留有餘地成交法是指店員對某些優惠措施先保留不談，到最後關鍵時刻開始提示。例如，在成交關頭，面對猶豫的顧客，店員揭示推銷要點，加強顧客的購買決心：「還有 3 年免費保修服務」等等。若店員不瞭解顧客的購買心理，把所有的推銷要點及優惠措施一洩無餘，就會使店員被動，不利於最後成交。

第四節 附加銷售的技巧

一、不要避諱向顧客做附加銷售

某品牌男裝專櫃中，店員小葉正陪著一對夫妻選購服裝，好像是男士要去參加一次重要會議，因此要選購一些正式的服裝。

最後這對夫妻在小葉的店裏買了一套高檔西裝，小葉本來想問問他們是否需要男士襯衫和領帶，但是又擔心給顧客留下「貪得無厭」的印象，連西裝的生意都被搞砸，所以一直到最後也沒開口，只得眼睜睜看著顧客到對面的男裝專櫃又買了襯衫、領帶以及皮帶……

店員小葉的錯誤在於沒有及時向顧客做附加銷售，結果白白損失了生意。作為一名店員，在顧客購買完你的一件產品後，我們所需要做的並不是急著送客，而是和顧客多聊一會，瞭解一下顧客是否還有其他的需求，這樣可以做好附加銷售。

一些店員總擔心做附加銷售會引起顧客反感，其實這種想法是不必要的。

所謂附加銷售就是在顧客原有需要的基礎上向顧客介紹一些附帶的商品。例如，案例中顧客購買了你的西服，你可以介紹給他襯衣、領帶，甚至是領帶夾。一些女顧客在逛商場的時候並沒有很明顯的購物目的，但是如果你和她多聊一會，她們其他需求可能就會出來了。即使她這次不買，但是當她需要類似產品的時候，就可能首先會想到你的專櫃。如果她購買了你的產品，你又把適合她的產品介紹給她，讓她得到了實惠，那麼你就會多一位忠實顧客，同時也提高了你的銷

售業績。有個有趣故事：

一個小夥子去應聘百貨公司的店員，老闆問他做過什麼？

他說：「我以前是挨家挨戶推銷的小販。」

老闆喜歡他的機靈就錄用了他，先試用幾天。

第二天老闆來看他的表現問他說：「你今天做了幾筆買賣？」

「1筆。」小夥子回答說。

「只有1筆？」

老闆很生氣：「你賣了多少錢？」

「300萬元。」年輕人回答道。

「你怎麼賣到那麼多錢的？」老闆目瞪口呆。

「是這樣的，」小夥子說，「一個男士進來買東西，我先賣給他一個小號的魚鉤，然後中號的魚鉤，最後大號的魚鉤。接著，我賣給他小號的魚線，中號的魚線，最後是大號的魚線。我問他上那兒釣魚，他說海邊。我建議他買條船，所以我帶他到賣船的專櫃，賣給他長20英尺、有兩個發動機的縱帆船。然後他說他的大眾牌汽車可能拖不動這麼大的船，於是我帶他去汽車銷售區，賣給他一輛豐田新款豪華型『巡洋艦』。」

老闆後退兩步，幾乎難以置信地問道：「一個客人僅僅來買個魚鉤，你就能賣給他這麼多東西？」

「不是的，」小夥子回答道，「他是來給他孩子買尿布的。我就說『你的週末算是毀了，幹嗎不去釣魚呢？』」

這個小夥子可以說是一個做附加銷售的高手，他把一個幾元錢的小買賣給做成了300萬的大買賣，憑的就是對顧客需求的體察和執著的附加銷售。

二、如何勸說顧客購買其他商品

當我們已經成功地說服了顧客，顧客也決定購買我們的產品時，如果我們還能勸說顧客購買其他商品，就有可能提高我們的銷售業績。但是，如果不恰當的勸說又會導致顧客反感，甚至會取消原有的購買計劃。那麼，我們在勸說顧客購買其他產品的時候，怎麼做才不會引致他們的反感呢？

我們在給顧客提出購買建議時，首先要把握一個原則：要讓顧客認為你的建議是善意的而不是意圖繼續推銷或是強硬推銷。可以從三個方面入手。

(1)要站在顧客的立場上思考，力求為其增值

提出建議前，首先要站在顧客的立場上去思考，不要為了銷售而去銷售。在提出建議之前，我們要問自己，如果我是顧客，我會不會需要這件商品？同時還要問自己，顧客買了這件商品會不會為他增值？例如，顧客買了一件顏色和款式都很單調的上衣，如果配上一條絲巾或者其他飾品就能取得很好的效果，花很少的錢就可以改變服裝的風格，這時候就需要勇敢地提出建議。

(2)在提建議前，用正面及支持性的話語開頭

在提建議前，用正面及支持性的話語開頭。例如：「這件上衣款式很好，稍加一些配飾就可以感覺有多種變化了。」這樣可以讓顧客感覺到你是在為他考慮。

(3)輕描淡寫地提議，觀察顧客的反應

在提出建議時，要輕描淡寫地提，同時要觀察顧客的反應。如果顧客沒有任何回應，就不要追著不放，不然會讓顧客覺得你是在做下

一輪的推銷；如果顧客表示出興趣，你才可以進行。

　　附加銷售其實有兩個含義：當顧客不一定立即購買時，嘗試推薦其他產品。令顧客感興趣並留下良好的專業服務印象；當顧客完成購物後，嘗試推薦相關產品，引導顧客消費。但是店員們要注意，附加銷售一定要把握時機，免得出現附加銷售上衣，最後顧客連褲子都不買了的情況。

三、附加銷售的方法

　　顧客購買了一件產品後，店員應該乘勝追擊，提醒顧客購買與已購買的商品相關的商品，這就是附加銷售。附加銷售可以使顧客購買更多的商品，增加自己的銷售額。

1.附加銷售的方法

(1)數量優惠

　　即如果顧客增加購買數量，可以獲得某種優惠，例如，價格折扣、贈送、提供新的服務項目等。

(2)建議購買相關產品

　　許多產品具有相關關係，顧客購買一種產品，要充分發揮商品的功能，客觀上還需要其他商品，店員可以把顧客需要的這些商品一同出售。例如出售西裝時，建議顧客購買領帶和襯衫；出售皮衣時，建議購買保養皮衣所用的保養品等。

(3)建議購買足夠量的產品

　　有時顧客也拿不定主意該買多少，店員可以告訴顧客在這種情況下一般買多少合適，這也是幫助顧客。因為，如果顧客買得少，不夠用，就有可能誤事，產生麻煩甚至造成損失。

⑷建議購買新產品

當企業開發了新的產品，並且這種新產品可以更好地滿足顧客需要時，店員就要不失時機地向顧客推薦新產品。

⑸建議購買高檔產品

大部份顧客都會多掏點錢買品質更優、價值更高的商品。店員認為顧客能從購買更貴、品質更高的商品中受益時，就要向顧客推薦高級商品。

2.注意事項

店員在運用附加銷售方法時，要站到顧客的立場上，替顧客著想：自己購買了這種商品，需要什麼附屬品？瞭解顧客的需求和要求，使用附加銷售就能成功。使用這一方法時應注意：

⑴在顧客已經購買商品後

在顧客已經購買了商品後，才能考慮推薦附加商品，當顧客還在考慮第一件商品的購買時，不要向其建議購買新的商品。

⑵從顧客的角度進行附加式銷售

推薦的商品必須是能夠使顧客獲益的商品。這就要求店員在第一次介紹銷售商品期間，仔細傾聽顧客的意見，把握顧客的心理，這就能容易地向顧客推薦能滿足他們需要的附加商品，而不是簡單地為增加銷售量而推薦商品。

⑶有目標地推薦商品

如一位顧客買了一件新襯衣，不要問他：「您還需要什麼東西？」而應說：「最近新進一批領帶，您看這一種和您的襯衣相配嗎？」這樣，就能提醒顧客對領帶的需要了。

⑷對自己所推薦的附加商品要有信心

對自己所推薦的附加商品要有信心，使顧客確信為他推薦的商品

是好的商品，在可能的情況下最好做一下示範。

⑸不要強制附加銷售

店員過分的推銷會使顧客有壓迫感，店員應該以輕鬆的方式推薦，若顧客沒有反應，就到此為止。

第五節　不要只是等待顧客做決定

一位顧客站在一款新上市的雙開門冰箱前，旁邊的店員不斷地為他介紹著冰箱的種種優點。最後，店員問：「怎麼樣？您決定了嗎？」

顧客想了想說：「我還是覺得有點貴，你讓我再想一想！」

店員也不想逼得太緊，於是說：「好吧，您慢慢考慮！」

10分鐘過去了，店員又送走了一位顧客，回頭一看，那位要考慮的顧客還站在冰箱前面。於是店員走了過去：「怎麼著？到底買不買啊？！」

顧客轉頭看了一眼店員：「今天先不買了吧！改天再說。」接著轉身離開了。

在顧客猶豫不決時，我們不能一味地等待，因為顧客可能會說服自己不要購買，或是自己也鬧不清自己的真正需求。作為店員，你應該適時詢問其是否購買，讓顧客自己做出購買決定。很多營業員也懂得適時地要求顧客作最後的決定，但是他們使用的方法往往過於唐突和直接，致使顧客心裏有被強迫的感覺。這樣的話，這位顧客以後是絕對不會再回來的。就像案例中那位店員所做的一樣。

還有一種情況是，對一些猶豫不決、缺少主見的顧客，店員應該

主動地引導顧客作決定，而不是一直等著顧客自己拿主意。如果顧客確實喜歡你的商品，那麼適當地推波助瀾，促成交易也是無可厚非的。

店員在工作中應當掌握主動權，尤其是在即將達成交易的時候。店員可以有技巧地引導顧客作決定，但是這種決定權轉移的時候，過程要顯得流暢和自然。

(1)巧為顧客拿主意

店員們不可能等待顧客無止境地猶豫下去，所以對於一些沒有主見、搖擺不定的顧客，我們可以大膽地建議顧客購買，以結束銷售：

我建議⋯⋯

我們好多同事自己都買這個⋯⋯

你不妨買來試一試⋯⋯

但要注意的是，我們不要替顧客承擔決策責任。不要說「我包您滿意」，「買了包您不會後悔」這樣絕對化的言語。萬一顧客買了真的覺得不好，他就會把責任推到你身上，認為是你的錯誤。我們在幫顧客做決定時，應該說「我建議⋯⋯」「如果我是您的話⋯⋯」，以一種建議的口吻去幫助顧客作決定。

(2)運用 SOLD 工具

我們在敦促顧客做決定時，也可以使用有用的詢問工具——SOLD。SOLD 為四個英語單詞開頭的第一個字母組合而成的。S、O、L、D 分別代表引導顧客的四種句型，以及不應該做的事情。它們分別是：

So(那麼)——那麼，你會喜歡選擇那一個呢？

Once(一旦)——一旦錯過，失去的將是難得的機會。

Look like(看似)——看似是完美的配對。

Don´t(不應)——當顧客表示購買時，你便不應再繼續推銷了。

① So(那麼……)

當我們發現顧客在長久地猶豫不決時，直接問「你決定好了沒有？」或是「您到底買不買？」這樣的問話方式會讓顧客感到不受尊重，似乎你有些不耐煩，想催促他們結束思考。很多情況下，當你這樣問，他們會直接扔下產品走掉。所以我們需要換一種說法，用「……那麼……」來說，會更為得體和有效。因為透過委婉的方式來催促顧客結束現在的狀態，而不會讓顧客覺得反感。

例如，那麼，你喜歡灰色，還是黑色，還是兩件都一樣喜歡呢？這幾件衣服都很適合你，那麼，您會選擇那一件呢？

在運用「so(……那麼……)」時，你在提問後，可以繼續向他們多提些問題，這樣可以迅速消除顧客的疑惑及異議，促使其做出最後的決定。

② Once(一旦……)

「……一旦……」這個句型是將後果或害處說出來，提醒顧客如果不這樣做會有什麼樣的後果，會失去什麼樣的機會。

當顧客猶豫不決或準備放棄購買時，如果我們不抓住機會，顧客就會離開。我們可以先告訴顧客一個事實，然後用一旦……來告訴顧客，如果不這樣做，會產生什麼樣的損失。使用這個方法時要注意，你提醒顧客的內容必須是真實的，不可以為了獲得一次成交機會而誤導或是欺騙顧客。

例如，我們本週買一送一的優惠，如果你買一件，那第二件是完全免費的。一旦過了本週，優惠就取消了；這件衣服非常受歡迎，而這一件也是我們最後的存貨了，一旦過了今天，可能就沒有了。

③ Look like(看似……)

使用這個句子的好處是：可以讓顧客明白，儘管有一些問題，但

是他所選擇的產品看起來對他非常適合。這個句子也可以有效地化解顧客的異議。在使用這個技巧時,你需要先表明你明白顧客提出的異議,然後向他展示產品的好處如何勝過他所關注的異議。這樣可以讓顧客感覺到,你不是在幫自己解脫,而是站在他(她)的立場上來為他考慮。

例如,如果顧客由於產品的價格而猶豫,營業員就可以使用「看似」的句型,即「價格看似貴了一點,但是效果是物超所值啊。」巧妙地化解了顧客的疑惑。

④ Don't(不應)

當顧客表現除決定購買的行為和語言時,不應繼續推銷。在引導顧客進入決定購買階段時,要注意不應喋喋不休地糾纏,不應顯得很急迫的樣子,不應不給時間讓顧客思考。很多時候,當顧客表現出有放棄的意圖時,我們會非常擔心失去這單生意。因此會喋喋不休地介紹商品的優點並試圖說服顧客購買,顯得很急迫的樣子,或者在說話時不給時間讓顧客思考,這樣的一些舉動會引起顧客的不滿。這些都需要我們特別警惕。

還有一種情況,當顧客表現出了決定購買的行為和語言時,就不應繼續推銷了,而應該馬上進入成交階段。如果你仍在囉囉嗦嗦地重覆商品的優點,那麼說不定顧客就會在瞬間改變主意。

第六節　加強顧客購買的決心

　　一位小姐走進了一家內衣專賣店，要買一件黑色的吊帶背心，在店員的幫助下，這位小姐試穿了一件，雖然對款式、品質都很滿意，但顧客卻覺得價格有一點貴，因此有點猶豫。

　　「這件背心真挺適合您的！」店員說。

　　「嗯，我想一下……」顧客仍在猶豫。

　　店員此時已經把注意力放到理貨上了，她把櫃台上顧客試穿換下的衣服疊好放到整理箱裏。顧客看了店員一眼，然後轉身出店了。

　　顧客其實已經有了很強的購買意願，只是在價格上還有一點猶豫，在這樣的時刻，店員應該努力地加強顧客購買的決心，而不是轉移注意力做其他的事情，結果導致顧客離店，一筆買賣功敗垂成。

　　越是接近最後的成交時段，店員越應該小心應對，特別是當顧客表現出購買意願時，店員應該做的就是不斷加強顧客的這種決心，及早敲定買賣。這時候如果放鬆了節奏或者轉移了注意力，那麼顧客也可能會改變主意，之前的一切努力就都白費了。

　　加強顧客購買的決心是十分重要的一個步驟，對於最終促成交易起到不可忽視的作用，應該引起店員的高度重視。

　　據有關資料的統計，在即將達成交易的銷售溝通過程中，如果雙方都沒有主動地提出達成交易，結局往往是 60%的溝通最終會以沒有達成交易而告終。因此，店員如果不適時加強顧客的購買決心，那就會失去很多成交機會。

　　即使在顧客的購買意向很強烈的時候，他們也可能需要店員的一

點催促幫助他們下最後的決心。因此店員除了確定購買訊息之外,還要掌握一定的方式和方法促進交易的達成。

(1)假定顧客已經同意購買

這是在不管成交與否的條件下,對方仍稍有疑問時或猶豫不決拿不定主意時,你便以對方當然會購買的說法迫使她交易的方法。

假定她已經要了:

「我幫您把這隻洗面乳包起來,好嗎?」

二選一:

「我們已看了這兩種洗面乳,您看要這一隻還是要另外一隻。」

開單據法:

「這是單據,一共 780 元。」

這個方式,其實就是推動顧客下決心購買。但如果沒有這種推力,她也許決定要下得慢一點,或者根本不想買。

(2)幫助顧客挑選

購物時,一些顧客即使有意購買,也不喜歡迅速購買,她總要東挑西揀。在產品的顏色、味道、包裝、規格上不停地打轉,下不了決心,這時,就要改變策略,暫不談購買的問題,轉而熱情地幫對方挑顏色、味道、包裝、規格等,一旦上述問題解決,你就成功成交了這筆生意。

(3)利用「怕買不到」的心理

人們對越是得不到、買不到的東西,越想得到它、買到它。可利用這種「怕買不到」的心理,來促成訂單。例如店員可以告訴顧客說:「今天是我們的促銷期,過了這個促銷期就沒有折扣了。」「這種皮鞋庫存就剩一雙黑色的,如果您要購買就得儘快!」

(4)強化顧客特別滿意的產品優勢

在達成交易的關鍵時刻，顧客尤其需要店員的支援和協助。這時，如果店員能把顧客先前特別滿意的產品優勢加以強化，那麼顧客的購買決心會更加堅定。記住：此時店員不要再在解釋產品缺點上浪費口舌，而要集中力量強化產品優勢，尤其是那些顧客一直都比較關注的優勢。例如：

「您買貨可是行家，這雙鞋是整牛皮的……」

「您的眼光真是獨到，這種產品除了具有製造技術和品質水準的優勢之外，還可以使您的室內設計凸顯出十分尊貴的氣派……」

(5)先買一點試用看看

如果客人想在你的小店買產品，可又有一點下不了決心，這時你可建議對方先買一點試用看看。只要你對你們的治療或產品有信心，對方試用滿意之後，就可能會繼續消費。

(6)快刀斬亂麻法

在嘗試幾種技巧後，都不能打動對方時，你就得使出殺手鐧，快刀斬亂麻，直接要求客人購買，這種方式多用在猶豫不決的客人身上。

例如：「給您介紹了半天，不用猶豫了，拿一隻回去用，我的介紹是不會錯的。」

(7)試探成交法

越是到接近成交的關鍵時刻，店員越要注意自己的言辭和態度表現，最好採用顧客比較容易接受的詢問方式來創造成交機會，例如：

「您準備現在就要，還是我明天給您送到家裏？」

「我先給您包好吧，您喜歡那種包裝？」

「您願意一次集中交貨還是兩次交貨？」

「您先在這裏看看雜誌好嗎？我去幫您到庫房拿貨。」

303

在向顧客提出詢問的時候，店員一定要注意恰當的態度和語氣，要盡可能地讓顧客感到放鬆和愉快。

(8) 優待法

此法是透過給予特殊優惠的方法來過完成交易，是不得已而為之的，對節儉型顧客或愛佔便宜的顧客，這種方法是很好使用的。例如你可以說：這樣好不好，如果你今天購買，就會送您一樣小禮物，以示感謝。

用優待法要注意尺度，不要隨便給折扣，如果太隨便的話，顧客就會得寸進尺。

(9) 情景描述法

我們也可採用情景描述法，來促成銷售，即透過語言在顧客腦海中形成一幅圖案，使她感受到用後的效果。

不要只埋頭於產品介紹。要邊介紹邊觀察顧客的表現，一旦發現購買訊息，就要馬上採取合適的方式向顧客提出達成交易。顧客需要店員幫助他們堅定購買決心，這時你可以一邊拿出訂單一邊向他們展示購買產品後的種種好處。

心得欄 _____

_____

_____

_____

_____

_____

第 *16* 章
店員必備的商品盤點知識

店員都要掌握盤點的知識,在平日作業流程上,必須做到傳票單據作業手續的正確性。商品的盤點工作是保證賬實相符的重要手段,正確反映商品銷售的真實動態,及時發現問題並分析處理商品損失、呆滯等問題的有效措施。

第一節 盤點的重要性及方法

某服裝專賣店又到月終盤點了,店員們唉聲歎氣:又要來麻煩了!每次都是這樣,一到盤點時,店員們就覺得煩躁不安,這項工作費時費力更不討好,每次盤點過後就有人會被痛罵。這一次又輪到誰倒楣呢?

盤點工作既複雜又繁瑣,確實很不討好,但是盤點是門店日常商品管理活動的大檢閱,各種問題都會在盤點結果中顯示出來,對店鋪的良性運行起著重要作用。因此店員們一定要認真對待盤點工作。

305

如果像案例中的店員那樣，每次抱著應付厭煩的心態去做盤點，那麼就永遠也做不好這項工作。其實，如果你願意靜下心來學習的話，還是有很多方法和技巧可以讓你做得更好更省力的。

商品盤點是通過核對商品賬、卡、貨是否相符，以檢查庫存商品數量損益和庫存商品結構合理性，是加強零售企業庫存管理的重要環節。商品的盤點工作是保證賬賬相符、賬實相符的重要手段；是正確反映商品銷售的真實動態；提供企業行銷決策的依據；是及時發現問題並分析處理商品損失、呆滯等問題的有效措施。

專櫃店員都要掌握盤點的知識，商場管理者要瞭解整個商場的贏利情況，具體的操作則由店員來完成。

盤點的目的是對照賬面上所列的數字是否與賣場上所存數字相符，因此為了有效地達到盤點效果，在平日作業流程上，必須做到部門間的相互配合與傳票單據作業手續的正確性。

由於商品的存貨因營業額的狀況而回轉，所以商品的回轉率在經營管理上有其重要的一面，其計算的公式為：

商品回轉率＝營業額/存貨額（年回轉次數）

＝2×營業額/（期初存貨額＋期末存貨額）

從商品的回轉率中可以觀察出投資在商品存貨裏，資金回轉的速度及回收的情形。當然商品種類的不同，其回轉率亦會有出入，一般商店為了提高消費者的購買意欲及配合消費者的需求，常會收集很多的商品，在營業額方面固然會有提升，但商品存量若未能有效地掌握，難免會發生回轉率低下的現象，所以真正管理效率的發揮，是必須同時兼顧營業額的提高及回轉率的上升。因而存量的管理在平常要隨時加以注意之外，更要透過定期或不定期性的商品盤點，以瞭解賬面數字與實際數字的差異狀況。

　　因此在商店經營上，假如把訂貨、進貨、品檢、標價、銷售等一連串的作業稱為動態經營的話，那麼商品盤點可以說是正確掌握存貨內容的靜態作業。從每一次的盤點實施中，可以瞭解經營活動的實態，而依據此資料進一步可擬定競銷戰略，所以實地盤點作業在商店營運上佔有相當重要的地位。

　　商品盤點一般有以下三種主要方法：

1. 複式平行盤點法

　　這也是一種盤點組織形式，是由兩人組成一組，平行盤點，互相核對覆查的方法。即兩人分別同時盤點，一人負責點實貨，另一人負責在盤點表上填數並結出金額，然後互相校核覆查。這種方法可以保證商品盤點的品質。

2. 按實盤點法

　　這是指按商品擺列存放位置、地點的順序進行盤點的方法。這種方法要求順序盤點，主要是防止重盤、漏盤。盤點時要做到商品件件移位，對已拆包的整箱整件商品應清點細數。如，可先盤小倉庫和整件商品，後盤櫃檯和貨架上的陳列商品，按照一定的擺放順序進行盤點。這種盤點方法比較可靠穩妥。

3. 按賬盤點法

　　也稱按表盤點，即按盤點表上所列商品的順序進行清點實物。因為盤點表上所列商品順序與實物排列的順序不可能相同，所以在盤點時會發生交叉串盤，如抄寫盤點表時不慎遺漏或弄錯貨號、規格品種，就會造成錯盤而又很難找出誤盤的原因。因此除小商店外，一般很少採用這種盤點方法。

第二節　盤點的技巧

有一些特殊商品在進行盤點時需要一定的盤點技巧，以及時準確地完成盤點工作。

1.固定標籤記銷記存法

對於以長度出售的電線等商品上掛一硬紙牌，填寫上原長度，逐次記載銷售數，盤點時將原長度數減去總銷售數就是庫存結存數。

2.尺規測量法

即對液體商品，因容器較大又無法上磅稱量，可用尺規測算，但誤差較大，難以精確計算存量。

3.壓碼加零法

即對於以長度出售的呢絨、布匹等商品，在板捲時從裏向外，在布邊上每隔若干米用粉筆或紙條標明尺碼，盤點時，只要以末端處的數碼加上數碼後的零數，即可得出結存數。

4.零整分放、盤整加零法

即對於需拆箱售零的商品可採用此法。在盤點時，只要清點已拆箱或拆包的數量，然後加上未拆箱或拆包的數量，即得出結存數。

第三節　盤點的程序

商品盤點工作紛繁複雜，為了保證盤點工作的順利進行，就應按一定的工作程序進行盤點：

1. 人員分配及責任歸屬

商場盤點工作管理部或超市總部首先應統一制定盤點作業的制度。

(1)人員分配

盤點作業人員由各部組或連鎖門店負責落實，管理部或總部人員在各部組或開店進行盤點時分頭下去指導和監督盤點。一般來說盤點作業要求全員參加。

(2)責任歸屬

盤點作業要確定責任區域，落實到人。為使盤點作業有序有效，一般可用盤點配置圖來分配盤點人員的責任區域。每個門店應作盤點配置圖，圖上標明賣場的通道、陳列架、後場倉庫的編號，在陳列架和冷凍、冷藏櫃上標上與盤點配置圖相同的編號。用盤點配置圖可以週詳地分配盤點人員的責任區域，盤點人員也可明確自己盤點的範圍。在落實責任區域的盤點人時，最好用互換的辦法，即 A 商品部的作業人員盤點 B 商品部的作業區域，依此互換，以保證盤點的準確，防止「自盤自」可能造成不實情況的發生。

2. 準備工作

盤點作業的準備工作有以下幾個階段：

(1)通知顧客和廠商

盤點前要貼出安民告示，告知顧客，以免顧客在盤點時前來購物

而徒勞往返（最好在盤點日前 3 天貼出）。此外還要告知廠商，以免廠商的商品在盤點時送貨，造成不便。

(2)整理商品

商品按不同種類歸類放置，殘損商品單獨存放。整理商品可以保證盤點工作有序、有效地進行。整理商品時應注意：

①中央陳列架端間的商品整理

中央陳列架前面（靠出口處）端頭往往陳列的是一些促銷商品，整理時要注意該處的商品是組合式的，要分清每一種商品的類別和品名，進行分類整理，不能混同於一種商品。中央陳列架尾部（靠賣場裏面）的端頭往往是以整齊陳列的方式陳列一種商品，整理時要注意其間陳列的商品中是否每一箱都是滿的，要把空箱子拿掉，不足的箱子裏要放滿商品，以免把空箱子和沒放滿商品的箱子都按實計算，出現盤點時的差錯。

②中央陳列架和貨櫃的商品整理

中央陳列架上的商品定位陳列較多，每一種商品陳列的個數也是規定的，但要特別注意每一種商品中是否混雜了其他的商品，以及後面的商品是否被前面的商品遮擋住而沒有被計數。

③附壁陳列架商品的整理

附壁陳列架一般都處在主通道上的位置，所以商品銷售量大，商品整理的重點是點計數必須按照商品陳列的規則進行。

④隨機陳列商品的整理

對隨機陳列的商品要點清放在下面的商品個數，並做好記號和記錄，在盤點時只要清點上面的商品就可快速盤點出商品的總數。

⑤窄縫和突出陳列的商品整理

對這兩種陳列的商品要有專人進行清點，最好由設計和陳列這些

商品的人來清點。

⑥庫存商品的整理

庫存商品的整理要特別注意兩點：一是要注意容易被大箱子擋住的小箱子，所以要在整理時把小箱子放到大箱子的前面；二是要注意避免把一些內裝商品數量不足的箱子當做整箱計算，所以要在箱子上寫上商品的確切數量，避免盤點失去準確性。

⑦盤點前商品的最後整理

一般在盤點前兩個小時對商品進行最後的整理，這時要特別注意陳列貨架上的商品順序是絕對不能改變的，即盤點清單上的商品順序與貨架上的商品順序是一致的，如果順序不一致，盤點記錄就會對不上號。

(3)整理單據

財會人員和商品保管員、櫃組負責人應分別清理商品的進銷業務，將已發生而尚未入賬的全部業務登記入賬，整理好全部單據。主要進行以下單據的整理。

①進貨單據整理。

②變價單據整理。

③淨銷貨收入匯總。

④報廢品匯總。

⑤贈品匯總。

⑥移倉單整理。

⑦調撥單整理。

(4)整理現金

清點好現金，填寫於盤點報表上，交監盤人覆核。

3.存貨盤點

盤點工作的具體要領如下：

⑴到場人員。到場人員應包括以下人員：

盤點時櫃組負責人和櫃組全體人員必須在場；倉庫盤點除對應櫃組有關人員到場外，倉管員必須在場。

商品變價盤點時，物價員必須參加監盤。

櫃組長或實物負責人調動移交盤點時，商品盤點小組長應親自或指派專人負責監盤，必要時由商場商品盤點委員會派員參加。

⑵對商品和現金的盤點應逐一進行，三人一組，除一人負責點數、一人負責記錄和計算外，還有一人要覆核。

⑶商品盤點一般可採用「見物盤物」的方法，實物移位盤點，即按實物擺放的自然次序，逐一移動位置，將已盤和未盤部份區分清楚。

⑷對變價盤點和抽查盤點，在盤點前要注意保密，一般要在正式去盤點時才通知櫃組或對應倉庫。

⑸櫃組對盤點的實際數應填制盤點表，盤點表上品名、規格、單價、金額都必須填寫清楚，不得省略。

⑹盤點表應當天算出金額，合計數與「撥制對賬單」進行核對。

⑺如盤點結果與賬面結存數額出入較大時，原則上應當天進行重新盤點，在當天重新盤點確有困難的，第二天必須落實。

⑻盤點結束時必須將盤點溢缺數記錄在盤點表的最後一頁上，櫃組和倉管員對商品升溢絕對不能以多報少或隱瞞不報，商品短缺也要如實上報。

⑼盤點表必須由櫃組長、盤點人和監盤簽字。

⑽商品盤點表通常一式三份，櫃組長、監盤人各一份，報財會部門一份，盤點表上必須編好頁碼，並寫明總頁數，註明日期。

4.覆核分析

進行商品盤點後，店員應計算商品售價金額，並與庫存商品明細賬的賬面餘額進行核對，如發現差異，應及時查明原因，確有損溢的商品由實物負責人填制「商品溢餘（短缺）報告單」，經財會部門簽署意見後，報企業經理審批次處理。

商品盤點中可能出現的賬、貨不符或貨、款不符，一般可能有以下幾種原因：

(1)進貨過程發生的差錯

例如，進貨時原包裝數量短少，規格、牌號、等級不符，計量單位折算誤差等。

(2)銷貨過程發生的差錯

例如，零售價格執行誤差，計量、付貨、計算貨款時的差錯以及其他原因引起的長款和短款等。

(3)商品盤點過程中出現的差錯

例如，盤點數字不實，計算不準，漏盤、重盤、串號等。

(4)報表憑證中的差錯

例如，進貨和銷貨憑證不完整或者編制、記錄方面的誤差。

(5)其他人為造成的差錯事故

例如，遭偷竊等。

5.盤點結果

處理零售企業的商品盤點可能出現各種各樣的盤點結果，對不同的結果，應採取不同的處理方式：

(1)對商品盤點中發現的溢缺情況，在未經批准前，可先通過待處理損失或待處理溢餘掛賬，待審批後再做處理。

(2)對商品的正常溢耗要及時處理或報相關部門處理。例如，處理

的審批權限可為：單項商品月度溢（缺）在 50 元以下的由部門經理審批，50 元以上的要報商場分管部經理審批。

(3)對在盤點中發現的冷背、呆滯和殘損黴變商品，本著儘量減少損失的原則及時填制商品削價單，對應該報廢的商品也要及時填制商品報廢單報審批。

(4)對商品情況不正常或溢缺數額較大的，要責成櫃組負責人限期查明原因，並及時向商場盤點委員會報告，由盤點委員會處理。

(5)商品盤點中發現櫃組擅自出借、挪用和賒銷商品或白條頂庫的，要責成責任人限期收回。

(6)在盤點中發現擅自接受代銷商品且售後結算商品不列收入賬者，作貪污論處。

(7)對擅自將售後商品提前付款的，要根據情節輕重，追究責任人的責任。

(8)各部門要將盤點情況及時匯總，編制商品盤點情況表報相關負責人和財會部門。

第四節　店員盤點注意事項

店員在盤點時，具體的操作中不可避免出現貨款差異，現將商品耗損產生的可能性分述如下，以便在盤點運作時有一點提示：

1.收銀員行為不當所造成的問題

⑴打錯了貨號部門的按鍵。

⑵打錯了商品的金額。

⑶收銀員與顧客憑熟人的關係，而發生不正當的行為。

(4)收銀員與店員憑熟人的關係，而發生不正當的行為。

(5)由於價格無法確定而錯打金額。

(6)看錯商品價格。

(7)對於未貼標籤、未標價的商品，收銀員打上自己猜測的價格。

(8)誤打後的訂正手續不當。

(9)收銀員虛構退貨而私吞現金。

2.業務上手續不當所造成的問題

(1)商店內各部門間的轉移漏記。

(2)商品領用的漏記。

(3)進價換算為售價時，計算錯誤。

(4)進貨的重覆登記。

(5)漏記進貨的賬款。

(6)退貨的重覆登記。

(7)漏記退貨的賬款。

(8)以推測的換算率，換算進價為售價的誤差。

(9)同一公司各分店間商品轉移的遺漏。

(10)漏開變價傳票。

(11)漏開報廢傳票。

(12)看錯傳票上不明確的數字。

(13)填制進貨日報等表格時，誤記或計算錯誤。

(14)按重量購入而以個數賣出或相反情況時所產生的換算誤差。

(15)將進貨商品的附贈品當做商品出售時，處理不當。

3.檢收不當所造成的問題

(1)檢收時點錯數量。

(2)對於生鮮食品等特殊商品，在習慣上不作全面點收。

⑶公司員工所搬入的商品，未經點數。

⑷對於商業習慣上的分量不足，未加以注意。

⑸僅僅檢收數量，未作品質檢查所產生的錯誤。

⑹擅自帶走退貨商品。

4.盤點不當所造成的問題

⑴算錯數量。

⑵看錯或記錯售價、進價等。

⑶盤點表上的計算錯誤。

⑷盤點時遺漏。

⑸將已填妥退貨傳票的商品計入。

⑹因不明負責區域而作了重覆盤點。

⑺因商品小而且量多，導致盤點不正確。

⑻盤點作業的不當。

⑼同樣的商品兩種價格。

⑽對於附贈品處理不當。

5.設備不良所造成的問題

⑴因老鼠、貓、狗等的咬齧而造成的損失。

⑵不正確的計量。

⑶因漏雨而使商品價值減損。

⑷因冷凍機等的故障，造成生鮮食品的腐壞或品質降低。

⑸因器具不全而造成的問題。

6.銷售人員大意所造成的問題

⑴計量不確實。

⑵處理大意而造成商品破壞或汙損。

⑶貼錯標籤。

⑷姑息扒竊。

⑸購入不良商品。

⑹因商品知識不足而造成商品價值的減損。

⑺換算售價的換算率低於標準而引起的誤差。

7.公司人員行為不當造成的問題

⑴偷吃。

⑵因與顧客熟而少算貨款。

⑶銷售員間因同事熟的關係而發生漏打、少算的情形。

⑷擅自攜出或使用商品。

⑸私存退貨商品。

⑹虛構退貨而私吞貨款。

⑺私吞營業時間以外的銷售款項。

⑻在運送途中偷取貨品。

⑼以現金購入的商品多報金額。

⑽與廠商勾結而私吞手續費。

8.顧客行為不當造成的問題

⑴顧客的扒竊行為。

⑵與收銀員熟而借機少算。

⑶將扒竊來的商品退回而取得現金。

⑷顧客不當的退貨。

⑸顧客將商品汙損。

⑹調換標籤。

⑺顧客將物品混雜於類似商品中，企圖矇騙收銀員的耳目。

9.存貨不當造成的問題

⑴因保存商品的場所不當而使商品價格減損。

⑵因包裝不良而產生損失。

⑶因溫度、濕度等氣候上的因素而使商品變質。

⑷遺忘了生鮮食品等商品的存貨。

⑸將成套的商品拆開出售。

以上所述是針對商品可能發生的耗損原因，配合業務因素及人為因素而分別加以說明，其中有些部份重覆提及；同時由於零售業業種的繁多，所列舉的原因有些可能不適合於某類商品，而主要的目的是提出各種可能發生的情況以作為參考。

盤點工作是對店員耐心、細緻程序的考核，必須認真對待。

心得欄

臺灣的核心競爭力，就在這裏！

圖 書 出 版 目 錄

下列圖書是由臺灣憲業企管顧問（集團）公司所出版，以專業立場，為企業界提供最專業的各種經營管理類圖書。

1.傳播書香社會，直接向本出版社購買，一律 9 折優惠，郵遞費用由本公司負擔。服務電話(02)27622241 (03)9310960 傳真(03)9310961

2.付款方式：請將書款轉帳到我公司下列的銀行帳戶。

· 銀行名稱：合作金庫銀行（敦南分行） 帳號：**5034-717-347447**

公司名稱：憲業企管顧問有限公司

· 郵局劃撥號碼：**18410591** 郵局劃撥戶名：憲業企管顧問公司

3.圖書出版資料隨時更新，請見網站 www.bookstore99.com

經營顧問叢書

13	營業管理高手（上）	一套
14	營業管理高手（下）	500元
16	中國企業大勝敗	360元
18	聯想電腦風雲錄	360元
19	中國企業大競爭	360元
21	搶灘中國	360元
25	王永慶的經營管理	360元
26	松下幸之助經營技巧	360元
32	企業併購技巧	360元
33	新產品上市行銷案例	360元
46	營業部門管理手冊	360元
47	營業部門推銷技巧	390元
52	堅持一定成功	360元
56	對準目標	360元
58	大客戶行銷戰略	360元
60	寶潔品牌操作手冊	360元

72	傳銷致富	360元
73	領導人才培訓遊戲	360元
76	如何打造企業贏利模式	360元
78	財務經理手冊	360元
79	財務診斷技巧	360元
80	內部控制實務	360元
81	行銷管理制度化	360元
82	財務管理制度化	360元
83	人事管理制度化	360元
84	總務管理制度化	360元
85	生產管理制度化	360元
86	企劃管理制度化	360元
91	汽車販賣技巧大公開	360元
97	企業收款管理	360元
100	幹部決定執行力	360元
106	提升領導力培訓遊戲	360元

112	員工招聘技巧	360元	184	找方法解決問題	360元
113	員工績效考核技巧	360元	185	不景氣時期，如何降低成本	360元
114	職位分析與工作設計	360元	186	營業管理疑難雜症與對策	360元
116	新產品開發與銷售	400元	187	廠商掌握零售賣場的竅門	360元
122	熱愛工作	360元	188	推銷之神傳世技巧	360元
124	客戶無法拒絕的成交技巧	360元	189	企業經營案例解析	360元
125	部門經營計劃工作	360元	191	豐田汽車管理模式	360元
129	邁克爾·波特的戰略智慧	360元	192	企業執行力（技巧篇）	360元
130	如何制定企業經營戰略	360元	193	領導魅力	360元
132	有效解決問題的溝通技巧	360元	198	銷售說服技巧	360元
135	成敗關鍵的談判技巧	360元	199	促銷工具疑難雜症與對策	360元
137	生產部門、行銷部門績效考核手冊	360元	200	如何推動目標管理（第三版)	390元
			201	網路行銷技巧	360元
138	管理部門績效考核手冊	360元	202	企業併購案例精華	360元
139	行銷機能診斷	360元	204	客戶服務部工作流程	360元
140	企業如何節流	360元	206	如何鞏固客戶（增訂二版)	360元
141	責任	360元	208	經濟大崩潰	360元
142	企業接棒人	360元	209	鋪貨管理技巧	360元
144	企業的外包操作管理	360元	210	商業計劃書撰寫實務	360元
146	主管階層績效考核手冊	360元	212	客戶抱怨處理手冊(增訂二版)	360元
147	六步打造績效考核體系	360元	214	售後服務處理手冊(增訂三版)	360元
148	六步打造培訓體系	360元	215	行銷計劃書的撰寫與執行	360元
149	展覽會行銷技巧	360元	216	內部控制實務與案例	360元
150	企業流程管理技巧	360元	217	透視財務分析內幕	360元
152	向西點軍校學管理	360元	219	總經理如何管理公司	360元
154	領導你的成功團隊	360元	222	確保新產品銷售成功	360元
155	頂尖傳銷術	360元	223	品牌成功關鍵步驟	360元
156	傳銷話術的奧妙	360元	224	客戶服務部門績效量化指標	360元
160	各部門編制預算工作	360元	226	商業網站成功密碼	360元
163	只為成功找方法，不為失敗找藉口	360元	228	經營分析	360元
			229	產品經理手冊	360元
167	網路商店管理手冊	360元	230	診斷改善你的企業	360元
168	生氣不如爭氣	360元	231	經銷商管理手冊（增訂三版)	360元
170	模仿就能成功	350元	232	電子郵件成功技巧	360元
171	行銷部流程規範化管理	360元	233	喬·吉拉德銷售成功術	360元
172	生產部流程規範化管理	360元	234	銷售通路管理實務〈增訂二版〉	360元
174	行政部流程規範化管理	360元			
176	每天進步一點點	350元	235	求職面試一定成功	360元
181	速度是贏利關鍵	360元	236	客戶管理操作實務〈增訂二版〉	360元
183	如何識別人才	360元	237	總經理如何領導成功團隊	360元

238	總經理如何熟悉財務控制	360 元
239	總經理如何靈活調動資金	360 元
240	有趣的生活經濟學	360 元
241	業務員經營轄區市場（增訂二版）	360 元
242	搜索引擎行銷	360 元
243	如何推動利潤中心制度（增訂二版）	360 元
244	經營智慧	360 元
245	企業危機應對實戰技巧	360 元
246	行銷總監工作指引	360 元
247	行銷總監實戰案例	360 元
248	企業戰略執行手冊	360 元
249	大客戶搖錢樹	360 元
250	企業經營計劃〈增訂二版〉	360 元
251	績效考核手冊	360 元
252	營業管理實務（增訂二版）	360 元
253	銷售部門績效考核量化指標	360 元
254	員工招聘操作手冊	360 元
255	總務部門重點工作（增訂二版）	360 元
256	有效溝通技巧	360 元
257	會議手冊	360 元
258	如何處理員工離職問題	360 元
259	提高工作效率	360 元
261	員工招聘性向測試方法	360 元
262	解決問題	360 元
263	微利時代制勝法寶	360 元
264	如何拿到 VC（風險投資）的錢	360 元
265	如何撰寫職位說明書	360 元
267	促銷管理實務〈增訂五版〉	360 元
268	顧客情報管理技巧	360 元
269	如何改善企業組織績效〈增訂二版〉	360 元
270	低調才是大智慧	360 元
272	主管必備的授權技巧	360 元
274	人力資源部流程規範化管理（增訂三版）	360 元
275	主管如何激勵部屬	360 元
276	輕鬆擁有幽默口才	360 元

277	各部門年度計劃工作（增訂二版）	360 元
278	面試主考官工作實務	360 元
279	總經理重點工作（增訂二版）	360 元
282	如何提高市場佔有率（增訂二版）	360 元
283	財務部流程規範化管理（增訂二版）	360 元
284	時間管理手冊	360 元
285	人事經理操作手冊（增訂二版）	360 元
286	贏得競爭優勢的模仿戰略	360 元
287	電話推銷培訓教材（增訂三版）	360 元
288	贏在細節管理（增訂二版）	360 元
289	企業識別系統 CIS（增訂二版）	360 元
290	部門主管手冊（增訂五版）	360 元
291	財務查帳技巧（增訂二版）	360 元
292	商業簡報技巧	360 元
293	業務員疑難雜症與對策（增訂二版）	360 元
294	內部控制規範手冊	360 元
295	哈佛領導力課程	360 元
296	如何診斷企業財務狀況	360 元
297	營業部轄區管理規範工具書	360 元
298	售後服務手冊	360 元
299	業績倍增的銷售技巧	400 元

《商店叢書》

10	賣場管理	360 元
18	店員推銷技巧	360 元
30	特許連鎖業經營技巧	360 元
35	商店標準操作流程	360 元
36	商店導購口才專業培訓	360 元
37	速食店操作手冊〈增訂二版〉	360 元
38	網路商店創業手冊〈增訂二版〉	360 元
40	商店診斷實務	360 元
41	店鋪商品管理手冊	360 元
42	店員操作手冊（增訂三版）	360 元

43	如何撰寫連鎖業營運手冊〈增訂二版〉	360 元
44	店長如何提升業績〈增訂二版〉	360 元
45	向肯德基學習連鎖經營〈增訂二版〉	360 元
46	連鎖店督導師手冊	360 元
47	賣場如何經營會員制俱樂部	360 元
48	賣場銷量神奇交叉分析	360 元
49	商場促銷法寶	360 元
50	連鎖店操作手冊（增訂四版）	360 元
51	開店創業手冊〈增訂三版〉	360 元
52	店長操作手冊（增訂五版）	360 元
53	餐飲業工作規範	360 元
54	有效的店員銷售技巧	360 元
55	如何開創連鎖體系〈增訂三版〉	360 元
56	開一家穩賺不賠的網路商店	360 元
57	連鎖業開店複製流程	360 元
58	商鋪業績提升技巧	360 元
59	店員工作規範（增訂二版）	400 元

《工廠叢書》

5	品質管理標準流程	380 元
9	ISO 9000 管理實戰案例	380 元
10	生產管理制度化	360 元
11	ISO 認證必備手冊	380 元
12	生產設備管理	380 元
13	品管員操作手冊	380 元
15	工廠設備維護手冊	380 元
16	品管圈活動指南	380 元
17	品管圈推動實務	380 元
20	如何推動提案制度	380 元
24	六西格瑪管理手冊	380 元
30	生產績效診斷與評估	380 元
32	如何藉助 IE 提升業績	380 元
35	目視管理案例大全	380 元
38	目視管理操作技巧（增訂二版）	380 元
46	降低生產成本	380 元
47	物流配送績效管理	380 元
49	6S 管理必備手冊	380 元

51	透視流程改善技巧	380 元
55	企業標準化的創建與推動	380 元
56	精細化生產管理	380 元
57	品質管制手法〈增訂二版〉	380 元
58	如何改善生產績效〈增訂二版〉	380 元
63	生產主管操作手冊(增訂四版)	380 元
67	生產訂單管理步驟〈增訂二版〉	380 元
68	打造一流的生產作業廠區	380 元
70	如何控制不良品〈增訂二版〉	380 元
71	全面消除生產浪費	380 元
72	現場工程改善應用手冊	380 元
75	生產計劃的規劃與執行	380 元
77	確保新產品開發成功（增訂四版）	380 元
78	商品管理流程控制(增訂三版)	380 元
79	6S 管理運作技巧	380 元
80	工廠管理標準作業流程〈增訂二版〉	380 元
81	部門績效考核的量化管理（增訂五版）	380 元
82	採購管理實務〈增訂五版〉	380 元
83	品質部經理操作規範〈增訂二版〉	380 元
84	供應商管理手冊	380 元
85	採購管理工作細則〈增訂二版〉	380 元
86	如何管理倉庫（增訂七版）	380 元
87	物料管理控制實務〈增訂二版〉	380 元
88	豐田現場管理技巧	380 元
89	生產現場管理實戰案例〈增訂三版〉	380 元
90	如何推動 5S 管理（增訂五版）	420 元
91	採購談判與議價技巧	420 元

《醫學保健叢書》

1	9 週加強免疫能力	320 元
3	如何克服失眠	320 元
4	美麗肌膚有妙方	320 元
5	減肥瘦身一定成功	360 元
6	輕鬆懷孕手冊	360 元

7	育兒保健手冊	360元
8	輕鬆坐月子	360元
11	排毒養生方法	360元
12	淨化血液　強化血管	360元
13	排除體內毒素	360元
14	排除便秘困擾	360元
15	維生素保健全書	360元
16	腎臟病患者的治療與保健	360元
17	肝病患者的治療與保健	360元
18	糖尿病患者的治療與保健	360元
19	高血壓患者的治療與保健	360元
22	給老爸老媽的保健全書	360元
23	如何降低高血壓	360元
24	如何治療糖尿病	360元
25	如何降低膽固醇	360元
26	人體器官使用說明書	360元
27	這樣喝水最健康	360元
28	輕鬆排毒方法	360元
29	中醫養生手冊	360元
30	孕婦手冊	360元
31	育兒手冊	360元
32	幾千年的中醫養生方法	360元
34	糖尿病治療全書	360元
35	活到120歲的飲食方法	360元
36	7天克服便秘	360元
37	為長壽做準備	360元
39	拒絕三高有方法	360元
40	一定要懷孕	360元
41	提高免疫力可抵抗癌症	360元
42	生男生女有技巧〈增訂三版〉	360元

《培訓叢書》

11	培訓師的現場培訓技巧	360元
12	培訓師的演講技巧	360元
14	解決問題能力的培訓技巧	360元
15	戶外培訓活動實施技巧	360元
16	提升團隊精神的培訓遊戲	360元
17	針對部門主管的培訓遊戲	360元
18	培訓師手冊	360元
20	銷售部門培訓遊戲	360元

21	培訓部門經理操作手冊（增訂三版）	360元
22	企業培訓活動的破冰遊戲	360元
23	培訓部門流程規範化管理	360元
24	領導技巧培訓遊戲	360元
25	企業培訓遊戲大全(增訂三版)	360元
26	提升服務品質培訓遊戲	360元
27	執行能力培訓遊戲	360元
28	企業如何培訓內部講師	360元

《傳銷叢書》

4	傳銷致富	360元
5	傳銷培訓課程	360元
7	快速建立傳銷團隊	360元
10	頂尖傳銷術	360元
11	傳銷話術的奧妙	360元
12	現在輪到你成功	350元
13	鑽石傳銷商培訓手冊	350元
14	傳銷皇帝的激勵技巧	360元
15	傳銷皇帝的溝通技巧	360元
17	傳銷領袖	360元
18	傳銷成功技巧（增訂四版）	360元
19	傳銷分享會運作範例	360元

《幼兒培育叢書》

1	如何培育傑出子女	360元
2	培育財富子女	360元
3	如何激發孩子的學習潛能	360元
4	鼓勵孩子	360元
5	別溺愛孩子	360元
6	孩子考第一名	360元
7	父母要如何與孩子溝通	360元
8	父母要如何培養孩子的好習慣	360元
9	父母要如何激發孩子學習潛能	360元
10	如何讓孩子變得堅強自信	360元

《成功叢書》

1	猶太富翁經商智慧	360元
2	致富鑽石法則	360元
3	發現財富密碼	360元

《企業傳記叢書》

1	零售巨人沃爾瑪	360元
2	大型企業失敗啟示錄	360元

3	企業併購始祖洛克菲勒	360 元
4	透視戴爾經營技巧	360 元
5	亞馬遜網路書店傳奇	360 元
6	動物智慧的企業競爭啟示	320 元
7	CEO 拯救企業	360 元
8	世界首富　宜家王國	360 元
9	航空巨人波音傳奇	360 元
10	傳媒併購大亨	360 元

《智慧叢書》

1	禪的智慧	360 元
2	生活禪	360 元
3	易經的智慧	360 元
4	禪的管理大智慧	360 元
5	改變命運的人生智慧	360 元
6	如何吸取中庸智慧	360 元
7	如何吸取老子智慧	360 元
8	如何吸取易經智慧	360 元
9	經濟大崩潰	360 元
10	有趣的生活經濟學	360 元
11	低調才是大智慧	360 元

《DIY 叢書》

1	居家節約竅門 DIY	360 元
2	愛護汽車 DIY	360 元
3	現代居家風水 DIY	360 元
4	居家收納整理 DIY	360 元
5	廚房竅門 DIY	360 元
6	家庭裝修 DIY	360 元
7	省油大作戰	360 元

《財務管理叢書》

1	如何編制部門年度預算	360 元
2	財務查帳技巧	360 元
3	財務經理手冊	360 元
4	財務診斷技巧	360 元
5	內部控制實務	360 元
6	財務管理制度化	360 元
8	財務部流程規範化管理	360 元
9	如何推動利潤中心制度	360 元

為方便讀者選購，本公司將一部分上述圖書又加以專門分類如下：

《企業制度叢書》

1	行銷管理制度化	360 元
2	財務管理制度化	360 元
3	人事管理制度化	360 元
4	總務管理制度化	360 元
5	生產管理制度化	360 元
6	企劃管理制度化	360 元

《主管叢書》

1	部門主管手冊（增訂五版）	360 元
2	總經理行動手冊	360 元
4	生產主管操作手冊	380 元
5	店長操作手冊（增訂五版）	360 元
6	財務經理手冊	360 元
7	人事經理操作手冊	360 元
8	行銷總監工作指引	360 元
9	行銷總監實戰案例	360 元

《總經理叢書》

1	總經理如何經營公司(增訂二版)	360 元
2	總經理如何管理公司	360 元
3	總經理如何領導成功團隊	360 元
4	總經理如何熟悉財務控制	360 元
5	總經理如何靈活調動資金	360 元

《人事管理叢書》

1	人事經理操作手冊	360 元
2	員工招聘操作手冊	360 元
3	員工招聘性向測試方法	360 元
4	職位分析與工作設計	360 元
5	總務部門重點工作	360 元
6	如何識別人才	360 元
7	如何處理員工離職問題	360 元
8	人力資源部流程規範化管理（增訂三版）	360 元
9	面試主考官工作實務	360 元
10	主管如何激勵部屬	360 元
11	主管必備的授權技巧	360 元
12	部門主管手冊（增訂五版）	360 元

《理財叢書》

1	巴菲特股票投資忠告	360 元
2	受益一生的投資理財	360 元
3	終身理財計劃	360 元
4	如何投資黃金	360 元
5	巴菲特投資必贏技巧	360 元
6	投資基金賺錢方法	360 元
7	索羅斯的基金投資必贏忠告	360 元
8	巴菲特為何投資比亞迪	360 元

《網路行銷叢書》

1	網路商店創業手冊〈增訂二版〉	360 元
2	網路商店管理手冊	360 元
3	網路行銷技巧	360 元
4	商業網站成功密碼	360 元
5	電子郵件成功技巧	360 元
6	搜索引擎行銷	360 元

《企業計劃叢書》

1	企業經營計劃〈增訂二版〉	360 元
2	各部門年度計劃工作	360 元
3	各部門編制預算工作	360 元
4	經營分析	360 元
5	企業戰略執行手冊	360 元

《經濟叢書》

1	經濟大崩潰	360 元
2	石油戰爭揭秘(即將出版)	

在大陸的········
台灣上班族

　　愈來愈多的台灣上班族，到大陸工作(或出差)，對工作的努力與敬業，是台灣上班族的核心競爭力；一個明顯的例子，返台休假期間，台灣上班族都會抽空再買書，設法充實自身專業能力。

　　[憲業企管顧問公司]以專業立場，為企業界提供最專業的各種經營管理類圖書。

　　85%的台灣上班族都曾經有過購買(或閱讀)[憲業企管顧問公司]所出版的各種企管圖書。

　　建議你：工作之餘要多看書，加強競爭力。

建立企業圖書館

當市場競爭激烈時：

培訓員工，強化員工競爭力
是企業最佳對策

「人才」是企業最大的財富。如何提升人才，是企業永續經營、戰勝對手的核心競爭力。積極培訓公司內部員工，是經濟不景氣時期的最佳戰略，而最快速的具體作法，就是「建立企業內部圖書館，鼓勵員工多閱讀、多進修專業書籍」

建議您：請一次購足本公司所出版各種經營管理類圖書，作為貴公司內部員工培訓圖書。使用率高的（例如「贏在細節管理」），準備 3 本；使用率低的（例如「工廠設備維護手冊」），只買 1 本。

商店叢書 ⑤⑨   售價：400 元

店員工作規範（增訂二版）

西元二〇一四年五月   增訂二版一刷
西元二〇〇九年六月   初版一刷

編輯指導：黃憲仁

編著：張宏明

策劃：麥可國際出版有限公司（新加坡）

編輯：蕭玲

校對：劉飛娟

發行人：黃憲仁

發行所：憲業企管顧問有限公司

電話：(02) 2762-2241　　(03) 9310960　　0930872873

電子郵件聯絡信箱：huang2838@yahoo.com.tw

銀行 ATM 轉帳：合作金庫銀行　　帳號：5034-717-347447

郵政劃撥：18410591　　憲業企管顧問有限公司

江祖平律師顧問：紙品書、數位書著作權與版權均歸本公司所有

登記證：行政業新聞局版台業字第 6380 號

本公司徵求海外版權出版代理商（0930872873）

本圖書是由憲業企管顧問（集團）公司所出版，以專業立場，
為企業界提供最專業的各種經營管理類圖書。

圖書編號 ISBN：978-986-6084-94-2